高等学校工程创新型"十二五"规划计算机教材

Java ME 嵌入式程序设计

张家耀　何雪芳　宋　梅　主编

电子工业出版社

Publishing House of Electronics Industry

北京·BEIJING

内 容 简 介

本书共 11 章，内容包括：Java ME 概述，Java ME 开发环境与工具，图形用户界面体系结构，高级用户界面设计，低级图形用户界面，MIDP 游戏程序设计基础，MIDP 网络编程，MIDP 记录存储器，MMAPI 多媒体程序设计，无线消息程序设计，应用程序管理软件。本书内容涵盖 Java ME 嵌入式程序设计的主要领域，并反映 Java ME 程序设计的新成果。书中例题全部经过精心设计，既能帮助理解基础知识，同时具有启发性，程序略加修改就可以应用到实际手机上。

本书适合作为高等学校计算机及相关专业本科教材，也可作为有一定 Java 语言基础的移动通信开发爱好者的参考书。

图书在版编目（CIP）数据

Java ME 嵌入式程序设计 / 张家耀，何雪芳，宋梅主编. —北京：电子工业出版社，2012.1

高等学校工程创新型"十二五"规划计算机教材

ISBN 978-7-121-14765-4

I. ①J… II. ①张…②何…③宋… III. ①JAVA 语言—程序设计—高等学校—教材 IV. ①TP312

中国版本图书馆 CIP 数据核字（2011）第 203705 号

策划编辑：章海涛

责任编辑：冉 哲

印　　刷：北京市顺义兴华印刷厂

装　　订：三河市双峰印刷装订有限公司

出版发行：电子工业出版社

　　　　　北京市海淀区万寿路 173 信箱　邮编　100036

开　　本：787×1 092　1/16　印张：17.25　字数：460 千字

印　　次：2012 年 1 月第 1 次印刷

印　　数：3 000 册　定价：34.00 元

前　言

随着网络和无线通信技术的发展，手机不再是单一的通信工具，它还具有网络浏览、个人信息管理、移动办公、游戏娱乐等功能。随着 3G 技术的发展，数据通信费用大大降低，对移动通信的需求将越来越大。

当前手机操作系统并不统一，从老牌的 Symbian 和 Windows Mobile，到后起之秀 iOS 和 Android，都有不少客户群。那么，面对众多平台，如何找到统一的开发方法，开发出对各种操作系统都兼容的软件产品呢？Java ME 是最好的选择，它提供高度优化的 Java 运行环境，可实现跨平台开发，并有开发成本低、周期短等优点。

本书内容涵盖 Java ME 嵌入式程序设计的主要领域，注重知识的科学性与可接受性相结合，同时注重系统性与实用性相结合。"Java ME 嵌入式程序设计"课程的先修课程为"Java 程序设计"。

本书首先介绍 Java ME 的基础知识，包括：Java ME 概述、Java ME 开发环境与工具、图形用户界面体系结构、高级用户界面设计和低级图形用户界面。在这些知识的基础上进一步介绍对于手机程序开发非常实用的内容，包括：MIDP 游戏程序设计基础、MIDP 网络编程、MIDP 记录存储器、MMAPI 多媒体程序设计、无线消息程序设计和应用程序管理软件。本书第 9~11 章的内容反映了 Java ME 程序开发领域的新成果。

书中例题经过精心筛选，既能帮助读者理解基础知识，同时具有启发性，并且所有程序都经过测试，略加修改就可以应用到实际手机上。

本书提供教学资源包，包括例题程序源代码，可登录华信教育资源网注册后免费下载。

本书可作为高等学校计算机及相关专业本科教材，也可作为有一定 Java 语言基础的移动通信开发爱好者的入门书籍。

本书在编写过程中，参考了许多相关书籍和资料，在此对这些作者表示感谢。另外，感谢电子工业出版社在本书出版过程中给予的支持和帮助。最后，感谢这几年使用本书并提出宝贵意见的学生，特别是龙虹宏、巫梦娇和张狄，他们协助完成了本书的校对工作。

因作者水平有限，书中难免存在错漏和不妥之处，望读者指正，以利改进和提高。

作　者

目　　录

第 1 章　Java ME 概述

本章简介：本章重点讲解 Java ME 的体系结构，明确 Java ME 具有自下而上的分层结构：操作系统、虚拟机、配置、简表和可选包。首先分析每一个软件层次的组织结构，随后介绍 MIDP 应用程序——MIDlet 的基本结构和 MIDlet 套件的基本组成，最后介绍 Java ME 的相关规范。

移动互联网的时代到来了！这是越来越多的人从不同的角度喊出了同一口号。

现在，几乎每一个人手中都有一部手机，但他们中的很多人没有 PC 机，手机普及率远高于 PC 机。近日发布的调查显示：我国通过手机上网的用户已经超过 1.176 亿人。随着我国具有独立知识产权 3G 技术的普及和发展，必然开拓出属于手机应用的广阔空间。想象将来的某一天可以用手机打开车门，在回家的路上通过手机打开热水器准备好洗澡的热水，用手机把刚刚收集到的数据发给老板，汇报工作。

然而，手机操作系统市场并不像 PC 机那样有统一：从老牌的 Symbian 和 Windows Mobile 到后起之秀 iPhone 和 Android 都有着不少的客户群，而且可以预见，不远的将来还会有更多的厂商进入这个炙手可热的领域。面对如此众多的平台，如何找到一种统一的开发方法，开发出对各种操作系统都兼容的软件产品呢？Java Me 为我们提供了一个很好的解决方案。

1.1　Java ME 平台

1991 年，Sun 公司中由 James Gosling、Bill Joe 等人组成 Green 小组开发了名为 Oak 的软件，其目的是用于电视机等家用电器的程序开发。Oak 语言是 Sun 公司为一些消费产品设计的一个通用环境，最初的目的只是开发一个独立于平台的软件技术，后来发展成为 Java。Java 语言发布之后风靡 WWW 世界，广泛应用于网络计算。Java 语言的设计特点是简单、安全、易于维护、可移植性强。它采用了虚拟机技术，把源程序编译成二进制的中间代码，然后在设备虚拟机上运行，这就是"一次编程、到处运行"的思想。在 Java 网络应用大获成功的同时，也面临着更多设备都要接入互联网这样的挑战。尤其是众多厂家和型号的手机要接入互联网，它们的接入设备操作系统不同，输入、输出方式各异，内存和处理机的能力有限，因此对其可移植性提出了更强的要求。为了解决这个问题，Sun 公司推出了 Java 的微型版，即 Java ME（Java Platform Micro Edition）。

Sun 公司将 Java Me 定义为"Java Platform，Micro Edition provides a robust，flexible environment for application running on mobile and other embedded devices"。好了，从现在开始我们希望能用 Java Me 这把嵌入式开发利剑统一手机应用程序开发这一混乱的领域。

1.2　Java ME 体系结构

Java ME 是专门面向小型手持设备，用于嵌入式应用软件开发的平台，可以应用于移动电话、个人数字助理（PDA）、网络 IP 电话、机顶盒、家庭娱乐多媒体系统、信息家用电器及车载导航等系统中。

Java ME 面对的是大量不同的设备，这种不同不仅表现为硬件结构的不同，还表现为功能应用的不同。为了适应众多不同设备的需求，Java ME 在组织这些设备的软件时采用了分层的概念，它将运行在硬件上的软件分成若干个层次，如图 1-1 所示。

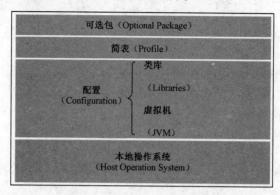

图 1-1 J2ME 软件的层次结构

1. 本地操作系统

在软件的底层是本地操作系统（Host Operating System），它负责管理和配置该手持设备的所有硬件，也就是说，其他所有的软件必须通过本地操作系统才能使用硬件资源。当前流行的操作系统主要有以下几种：

- 用于开发移动电话的 Symbian、Linux、Windows Pocket PC、Palm OS 以及最近迅速发展的 iPhone 和 Android 等；
- 用于开发其他嵌入式设备的 VxWorks、Linux、Windows CE 等。

2. 虚拟机

在操作系统之上是 Java 虚拟机（Java Virtual Machine，JVM）。所有的 Java 程序只能运行在 JVM 上，为此，要实现 Java 开发平台必须首先实现 JVM。对于 Java ME 的标准参考实现的虚拟机有 CVM 和 KVM 两种。

CVM 虚拟机：允许设备将 Java 线程映射为本地线程，完成垃圾收集、Java 同步等功能；在可移植性方面，采用 C 语言实现，可实现快速、安全的移植。CVM 虚拟机适用于瘦客户端，如数字电视机顶盒、车载电子系统等。

KVM 虚拟机：KVM 的最大特点是小而高效，只需要几万字节的存储空间就可以运行。KVM 虚拟机和类库只需占有 K 量级的存储空间，即 50～80KB，具有较高的可移植性和可扩展性。KVM 专门执行下载到低端 CLDC 设备上的 MIDlet 程序。KVM 虚拟机是根据资源受限设备完全重新编写的，它不是现有标准 Java 虚拟机的改进产品。KVM 虚拟机常应用于那些电池供电的手持移动设备，如移动电话、PDA 等。

CVM 和 KVM 适用的硬件资源，前者高后者低，根据不同的硬件可以选择不同的虚拟机。KVM 在功能上是 CVM 的子集。

虽然 Sun 公司推荐 CVM 和 KVM 作为 Java ME 的虚拟机，但这不是必须的，实际上，只要满足配置中的规范定义，通过兼容性测试就可以作为虚拟机应用在小型设备上。

3. 配置

在虚拟机之上的软件层次是配置（Configuration）。Java ME 支持的硬件有很大的差异，不可能构建一个适用于所有设备的开发平台。为了满足不同设备的开发需求，Java ME 引入了配置的概念，屏蔽了不同硬件设备的物理特性。它包含一些核心的类库，定义了 Java 虚拟机类型和一些基础 API。当前 Java ME 存在两种配置 CDC 和 CLDC。

将具有固定连接的、不间断网络连接的共享连接信息设备，如数字电视机顶盒、网络电视（Web TV）、支持 Internet 的可视电话和汽车娱乐/导航系统等归为一类，称为连接设备配置（Connected Device Configuration，CDC）。

另一类是具有间断网络通信能力的个人移动信息设备，如手机、双向寻呼机、个人数字助理 PDA、销售点终端 POS 等，称为连接受限设备配置（Connected Limited Device Configuration，CLDC）。

在编写 Java ME 的程序之前，要根据运行程序的硬件情况选择合适的配置。

4．简表

在配置之上的软件层次是简表（Profile），它是某个行业或者某个领域内的特性概括，每套简表专门针对某一类设备。例如，移动电话具有一套简表，PDA 也具有一套简表，数字电视机顶盒具有另外一套简表。

简表与它的上一层配置必须组合使用。简表以配置为基础定义了一些附加的类和包，简表是专门针对某个特定行业或某类设备上使用 API 的最小集合。

每个配置上都定义了若干个简表，如前所述，Java ME 中包含两种配置 CDC 和 CLDC，相应地，存在着两套支持不同配置的简表。支持 CDC 的简表有：FP（Foundation Profile，基础简表）、PP（Personal Profile，个人简表）和 PBP（Personal Basic Profile，个人基础简表）。

支持 CLDC 的简表目前只有 MIDP（Mobile Information Device Profile，移动信息设备简表），它是目前移动电话上使用的主要简表。

5．可选包

Java ME 通过 CLDC、CDC 及其对应的简表规范了小型设备大部分的通用功能，为了保持良好的扩展性，J2ME 引入了可选包（Optional Package），达到进一步扩展功能的目的。

下面介绍一些常用的、功能强大的可选包。

蓝牙功能：它提供用于开发蓝牙通信程序的接口，当然小型设备中必须具有蓝牙设备才能运行该接口编写的程序。

无线消息功能：它支持无线消息以与平台无关的访问方式访问无线资源，它既支持 CDC 也支持 CLDC。

移动多媒体功能：它提供了在小型移动设备上处理音频和视频等多媒体的能力，包括播放音频视频、录制语音等。它允许在具备摄像功能的设备上录制视频，允许在具备麦克风的设备中录制音频。

移动 3D 图形功能：主要用于 CLDC 1.1 平台，支持开发 3D 图形程序，特别是 Java 3D 游戏。

可选包一般针对新兴的技术，进行一些试验性的探索，如蓝牙、Web 服务、无线消息等，一旦技术成熟，这些可选包就很可能会合并到简表甚至配置中。

1.3　移动信息设备简表

移动信息设备简表 MIDP 是建立在 CLDC 连接受限设备配置基础上的简表，它定义了移动信息设备特定设备家族的特殊需求，是本书重点介绍的信息设备。

1.3.1 MIDP 目标设备的特性

MIDP 定义的移动信息设备的特性如下：
- 小屏幕尺寸，单色或彩色的显示设备；
- 单手数字键盘、双手标准键盘或触摸屏的输入设备；
- 较少的易失性内存，非易失性内存一般需要 128KB 用于 MIDP 组件，8KB 用于持久存储数据，32KB 用于 Java 的虚拟运行时环境（注意，这里并不包括 CLDC 对内存的需求）；
- 有限带宽条件下的无线通信；
- 音频和视频采集设备。

1.3.2 MIDP 的功能范围

目前，MIDP 有两个版本 v1.0 和 v2.0。1.0 版本的功能包括应用程序的下载、网络连接和传输、数据库存储、计时器和用户界面。2.0 版本扩展了的功能有：应用下载的计费、网络安全传输、数字签名、域的安全模式、注册和音频处理。MIDP 功能结构图如图 1-2 所示。

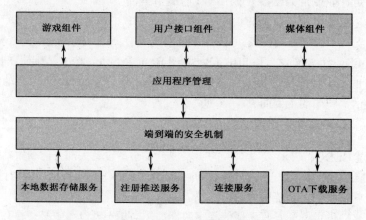

图 1-2 MIDP 功能结构图

目前，大多数移动手机都支持 MIDP v2.0 版的简表，本书也将以 2.0 版本为例，介绍 Java ME 平台的编程方法。

1.3.3 MIDP 类库

1. CLDC 的软件包

MIDP 类库是建立在 CLDC 类库基础上的，它可以使用 CLDC 的 4 个软件包中的类，其中有 3 个是从 Java 标准版继承的，另外一个是 CLDC 所特有的。

（1）从 Java 标准版继承的软件包

① 核心输入、输出包

java.io：通过数据流提供系统的输入、输出。

② 核心语言包

java.lang：定义 MIDP 的语言类，在 CLDC 中 java.lang 包的基础上增加了类 java.lang.Illegal_

StateException。它是一个 RuntimeException，指出在不合法或不合适的时间调用了一个方法。例如，在一个 TimerTask 安排中调用或者在用户界面组件容器中请求时抛出这个异常。

③ 核心实用工具包

java.util：定义 MIDP 的工具类，在 CLDC 中 java.util 包的基础上增加了类 java.util.Timer 和 java.util.TimerTask。java.util.Timer 用于为后台线程中将要执行的任务确定时间；java.util.TimerTask 被 java.util.Timer 类使用，用于为后台线程中执行定义任务。

（2）CLDC 特有的包

javax.microedition.io（网络包）：MIDP 提供了基于 CLDC 通用连接框架的支持，在 CLDC 的基础之上，新增加了一个接口 javax.microedition.io.HttpConnection，为建立 HTTP 连接提供必要的方法和常量。

2. MIDP 自己特有的包

（1）用户界面包

javax.microedition.lcdui：为 MIDP 应用程序提供用户界面。

（2）游戏包

javax.microedition.lcdui.game：为 MIDP 应用程序提供游戏 API（MIDP 2.0 规范支持）。

（3）数据持久存储包

javax.microedition.rms：用来为 MIDP 提供数据持久存储机制。应用程序可以存储数据记录，以供在以后需要时获取。

（4）应用程序生命周期包

javax.microedition.midlet：定义 MIDP 应用程序，以及应用程序和它所运行环境之间的交互。

（5）声音媒体包

javax.microedition.media：提供对移动多媒体的支持。

javax.microedition.media.control：用来提供对声音媒体的管理、播放和控制功能（MIDP 2.0 规范支持）。

MIDP 和 CLDC 的特有包是本书讲述的核心内容，在以后的各章中都会指出其所在的包。

1.4 MIDP 应用程序——MIDlet

MIDlet 是 MIDP 应用程序的基本执行单元，是 Sun 公司对 MIDP 上的应用程序的一个独特叫法，意思是"MIDP 小应用程序"。它是为满足小型资源受限设备的特殊要求，由 MIDP 规范所定义的一种全新的应用程序模型。MIDlet 与标准 Java 程序中的 Applet 小应用程序一样，必须运行在某特定的环境中，或者说，运行在作为容器的大应用程序中。这个大容器可以适应不同厂家、不同型号和多种功能的移动设备。然而这个容器的内部为 MIDlet 提供了一个统一的接口。程序的开发者只需要编写规范的 MIDlet 就可以了。

下面考察一个最简单的 MIDlet 应用程序（HelloChina 程序），通过这个例子可以了解 MIDlet 程序的基本结构特征。

例 1-1 在屏幕上显示"中国 你好！"。

源程序名：HelloChina.java

```
import javax.microedition.midlet.*;
import javax.microedition.lcdui.*;
public class HelloChina extends MIDlet implements CommandListener {
    private Display display;
    private Command exitCommand;
    private TextBox t;
    public HelloChina() {
        display = Display.getDisplay(this);
        exitCommand = new Command("Exit",Command.SCREEN,1);
        t = new TextBox("Hello","中国 你好!",256,TextField.ANY);
        t.addCommand(exitCommand);
        t.setCommandListener(this);
    }
    public void startApp() {
        display.setCurrent(t);
    }
    public void pauseApp() {
    }
    public void destroyApp(boolean unconditional) {
    }
    public void commandAction(Command c,Displayable s) {
        if(c==exitCommand) {
            destroyApp(false);
            notifyDestroyed();
        }
    }
}
```

图 1-3   HelloChina 运行结果

经过编译，在仿真器上的运行结果如图 1-3 所示。

从这个简单程序可总结出如下 MIDlet 程序的基本特征。

（1）每一个 MIDlet 程序必须是 javax.microedition.midlet.*包中 MIDlet 类的子类。

作为 MIDP 应用程序的 MIDlet，它一定是 MIDlet 类的子类。这样，设备的应用管理软件才能对 MIDlet 进行管理和控制。在这个例子中，MIDlet 应用程序 HelloChina 类就是继承 MIDlet 类而来的。

（2）每一个 MIDlet 可以有一个构造方法。

MIDP 应用程序模型规定，构造方法仅被系统调用一次，用来初始化一个 MIDlet 的状态。构造方法要执行的操作取决于程序的需要。通常，将所有要在启动时执行，且只执行一次的操作放在构造方法中。同时，应捕获在构造方法中可能出现的异常，并处理之。

（3）每一个 MIDlet 必须实现用于控制程序生命周期的三个抽象方法。

当 MIDlet 被初始化后就进入它的生命周期，该生命周期包含三个状态：激活态（Active）、暂停态（Paused）和销毁态（Destroyed），这三种状态的控制完全由应用程序管理器 JAM（Java Application Manager）来完成。当出现状态迁移时，JAM 会自动调用 MIDlet 在本例中出现的三个抽象方法：startApp( )、pauseApp( )和 destroyApp( )，如图 1-4 所示。需要注意状态迁移与方法调用的因果关系，状态迁移是因，方法调用是果。

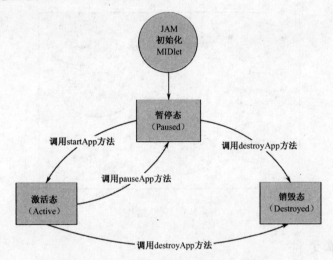

图 1-4　MIDlet 状态迁移触发的方法调用

JAM 加载 MIDlet 后，首先进行初始化的工作，将状态设置为暂停态。如果在初始化的过程中没有出现任何异常，那么 MIDlet 的状态转为激活态，否则将 MIDlet 的状态设置为销毁态。在每次状态转换的时候都要调用相应的方法。

为此，在定义 MIDlet 类时需要实现这些状态转移时调用的方法，从而完成自定义的过程。一般，在 startApp 方法中定义程序运行时用到的资源，在 pauseApp 方法中释放暂时不使用的资源（避免因为状态切换使得系统资源被占用），在 destroyApp 方法中释放所有自己定义的资源。

在任何时刻，JAM 都可能改变 MIDlet 的状态，为此这些方法有可能多次被调用，于是问题产生了。如果多次调用 startApp 方法就意味着多次定义资源，为此必须设计好一个资源定义的规划。一般来说，在 startApp 方法中定义那些临时性的资源，在 pauseApp 方法中释放，除 startApp 方法中定义的那些资源外，剩余的资源在 MIDlet 构造方法中定义。

（4）MIDlet 通常都会实现 CommandListener 接口。

CommandListener 接口的实现是为了使应用程序对用户的操作做出反应。这个接口及 TextBox、Command 和 Display 类，都是 javax.microedition.lcdui.*包的一部分。

1.5　MIDlet 套件

一个或多个 MIDlet 程序及其相关资源的集合称为 MIDlet 套件（MIDlet Suit），它是在目标设备上安装、更新和删除 MIDP 应用程序的基本单位。MIDlet 套件通常被封装到一个 Java 档案文件（Java Archive File，即 JAR 文件）中。

它包括如下一系列文件：

- 实现 MIDlet 的类文件；
- MIDlet 中所有用到的资源文件（如图标文件，声音文件等）；
- 描述 JAR 文件内容的清单文件（Manifest File），后缀为.mf 的文本文件。

此外，每一个 JAR 文件还配有一个用来描述 MIDlet 套件的描述文件，该文件以.jad 为后缀（即 JAD 文件）。套件结构如图 1-5 所示。

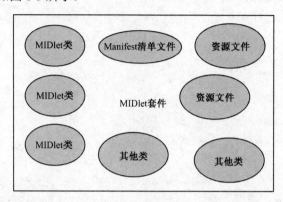

图 1-5　套件结构

1.5.1　清单文件

清单（Manifest）文件是文本格式的文件。当 MIDlet 套件安装到硬件设备上时，清单文件的扩展名会被更新为.mf。它定义了 MIDlet 套件的属性，其中有 6 个属性是必须包含的。除此之外，用户还可以自定义一些属性。

Manifest（清单）文件包含的 6 个必要属性如下。

- MIDlet-Name　MIDlet 套件的名称。
- MIDlet-Version　MIDlet 套件的版本，格式为：a.b.c。
- MIDlet-Vendor　MIDlet 套件的开发人员。
- MIDlet-<n>　MIDlet 套件中每个 MIDlet 的描述，该描述可以分成三部分内容：名称、图标名和类名。其中，n 要用一个从 1 开始的数值替换。
- MicroEdition-Configuration　MIDlet 套件所需要的配置的类型和版本。
- MicroEdition-Profile　MIDlet 套件所需要的简表的类型和版本（如果出现多个版本，要用空格分离）。

以下是清单文件定义的可选属性。

- MIDlet-Icon　MIDlet 套件的图标，必须是扩展名为 .png 的文件。
- MIDlet-Description　MIDlet 套件的描述。
- MIDlet-Info-URL　MIDlet 套件更多信息的 URL。
- MIDlet-Data-Size　MIDlet 套件需要的最小持久存储空间的大小，以字节为单位。如果不存在此属性，则说明不需要持久存储。
- MIDlet-Permissions　MIDlet 套件的权限许可列表。
- MIDlet-Permissions-Opt　MIDlet 套件的可选权限许可列表。

- MIDlet-Push-<n>　MIDlet 套件 Push 注册项。
- MIDlet-Delete-Notify　MIDlet 套件删除提示内容。

一个典型的清单文件如下：

> MIDlet-Name: HelloWorld MIDlet
>
> MIDlet-Version: 2.0
>
> MIDlet-Vendor: myStudio
>
> MIDlet-1: HelloWorldMIDlet, /images/HelloWorld.png, HelloWorld.HelloWorldMIDlet
>
> MicroEdition-Profile: MIDP-2.0
>
> MicroEdition-Configuration: CLDC-1.1

清单中，每行对应一种属性，定义格式为："属性名:属性值"。

下面具体分析一下该文件中定义的属性的含义。

由上面的典型清单文件得知，MIDlet 套件的名称是 HelloWorld MIDlet，版本号为 2.0（版本号主要用于程序的更新），制作该 MIDlet 套件的人员名称是 myStudio。

该 MIDlet 套件包含一个 MIDlet 类，名称是 HelloWorldMIDlet，MIDlet-<n>属性后可以带三个值：MIDlet 的名称、该 MIDlet 的图标和 MIDlet 类的名称，本例的类名为：在 HelloWorld 目录下的名为 HelloWorldMIDlet 的类。最后，该 MIDlet 套件使用的简表是 MIDP-2.0，使用的配置是 CLDC-1.1。

1.5.2　JAD 文件

JAD（应用程序描述）文件用来描述 MIDlet 套件的基本信息和运行信息，它并不是套件的一部分，即，没有被打包，但和套件 JAR 文件放在一起。其主要功能是向应用程序管理器提供相应的 JAR 文件的信息。

JAD 文件的格式与清单文件类似，但定义的属性有些不同。JAD 文件的 6 个必要属性如下。

- MIDlet-Name　MIDlet 套件的名称。
- MIDlet-Version　MIDlet 套件的版本，格式为：a.b.c。
- MIDlet-Vendor　MIDlet 套件的开发人员。
- MIDlet-<n>　MIDlet 套件中每个 MIDlet 的描述。该描述可以分成三部分内容：名称、图标名和类名。其中，n 要用一个从 1 开始的数值替换。
- MIDlet-JAR-URL　MIDlet 套件 JAR 文件的位置。
- MIDlet-JAR-Size　MIDlet 套件 JAR 文件的大小。

以下是 JAD 文件可选属性。

- MIDlet-Icon　MIDlet 套件的图标，必须是扩展名为.png 的文件。
- MIDlet-Description　MIDlet 套件的描述。
- MIDlet-Info-URL　MIDlet 套件更多信息的 URL。
- MIDlet-Data-Size　MIDlet 套件需要的最小持久存储空间的大小，以字节为单位。如果不存在此属性，则说明不需要持久存储。
- MIDlet-Permissions　MIDlet 套件的权限许可列表。
- MIDlet-Permissions-Opt　MIDlet 套件的可选权限许可列表。
- MIDlet-Push-<n>　MIDlet 套件 Push 注册项。

- MIDlet-Install-Notify   MIDlet 套件安装提示内容。
- MIDlet-Delete-Notify   MIDlet 套件删除提示内容。
- MIDlet-Delete-Confirm   MIDlet 套件删除确认内容。

下面分析一个典型的 JAD 文件：

MIDlet-Name: HelloWorld

MIDlet-Vendor: myStudio

MIDlet-Version: 1.0.1

MIDlet-Description: a example of MIDlet

MIDlet-Info-URL: http://www.sun.com/info.html

MIDlet-DataSize: 256

MIDlet-Jar-Size: 12543

MIDlet-Jar-URL: http://www.sun.com/midlets.html

这个 JAD 文件说明：套件名称是 HelloWorld，出版厂商是 myStudio，版本是 1.0.1，描述是 a example of MIDlet，参考网站是 http://www.sun.com/info.html，数据大小是 256，JAR 文件大小是 12 543B，JAR 所处的位置是 http://www.sun.com/midlets.html。

注意：描述文件（.jad），与清单文件（.mf）很相似，但不能混为一谈。在实际操作中，在手机下载一个 MIDP 应用程序之前，需要先下载 JAD 文件，通过 JAD 文件判断手机硬件是否符合运行此套件的要求。如果符合要求，则继续下载 JAR 文件；如果不符合要求，则不必下载 JAR 文件。这样，可以不用直接下载 JAR 文件，避免费时而无用的工作。

1.5.3　Java 应用程序管理器——JAM 或 AMS

JAM（Java Application Manager，Java 应用程序管理器）或 AMS（Application Management Software）的功能是，根据 JAD 文件的描述将 MIDlet 套件的内容文件 JAR 安装到硬件设备中，同时还具有运行和管理的功能。如果用户需要将 MIDlet 套件从硬件设备中移出，则要通过 JAM 的操作来实现。由此可见，JAM 随着硬件设备的不同而不同。一般来说，每一种硬件设备的生产厂商会附带相应的应用程序管理器。

需要注意两个问题：MIDlet 套件的运行安全和 JAD 文件与 JAR 文件的关系。在程序运行时，如果硬件设备支持多个 MIDlet 的并发运行，那么同一个套件内的所有 MIDlet 都在同一个虚拟机中运行，于是数据实现了共享。另外，Java 的同步机制保证了数据的合法访问。这里的同步机制表现为：在虚拟机中，无论套件有多少个 MIDlet 在运行，同一时刻只有一个实例在占用虚拟机，于是避免了各 MIDlet 线程的同时访问。

在持久存储方面，套件内的 MIDlet 不能访问套件以外的持久存储，从而防止恶意代码非法地注入套件内。

尽管如此，MIDlet 仍然被认为是不安全的，主要原因是，在 Java 标准版 J2SE 中有安全管理和沙箱机制（Sandboxie，这是一款专业的虚拟类软件，它的工作是，通过重定向技术，把程序生成和修改的文件，定向到自身文件夹中），而由于硬件资源的限制，这些内容在 MIDlet 中都不存在，而且没有任何有效机制使用户确信程序的来源是可靠。因此，MIDlet 的安全性仍有待提高。

一个完整的 MIDP 应用程序应该由一个 JAD 文件和一个 JAR 文件组成。JAD 文件指明了 JAR 文件的位置。一般来说，移动设备的网络速度都比较慢，用户可以先下载较小的 JAD 文件，确定自己的硬件条件确实符合后，再下载 JAR 文件。

1.6　Java ME 的标准规范

Java ME 是通过 Java 社团（Java Community Process，JCP）定义各种规范的。每个人都能够通过 JCP 参与规范的制定工作。当组织成员由于某种特定的目的而需要扩展 Java 平台时，会提交一个 Java 请求规范（Java Specification Requests，JSR）。如果这个 JSR 被接受，则进入开发阶段，此时要组成一个专家组（Expert Group，EP）为这个 JSR 定义一个正式的规范。这个专家组由 JCP 部分成员及相关专家组成。当这个规范完成后，会发表供其他 JCP 和社会公众讨论。之后，在各种评论和反馈的基础上进行修订。最后，由 JCP 执行委员会投票通过才被接收为正式的 Java 标准。

Java ME 的配置、简表和可选包都是通过 JCP 定义，并最终以 JSR 来发布的。各个 JSR 分别从不同的角度对 Java 虚拟机的能力进行规范，并命名了一个数字编号，例如，JSR75 规定了 Java 应用如何通过虚拟机提供的接口访问终端操作系统的个人信息管理器（PIM）数据和文件系统。可以把 Java Me 理解为针对小型嵌入式设备或移动设备的一系列技术和规范的总称。

Java ME 平台的 MSA（Mobile Service Architecture）目前有两个版本：MSA(JSR248)和 MSA2(JSR249)。2004 年 7 月，JSR248 和 JSR249 分别被 JCP 批准为 CLDC 的无线服务体系结构和 CDC 的无线体系结构。目前仍停留在早期的草案评估阶段。

MSA 定义了两个级别的架构：MSA 和 MSA Subset，如图 1-6 所示。

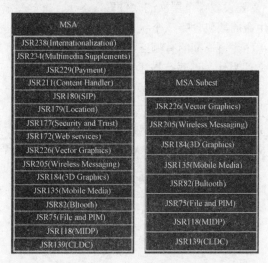

图 1-6　MSA 的架构

表 1-1 给出了一些常用规范的名称和功能，在以后的章节中会对它们的定义和 API 进行详细介绍。

表 1-1　移动开发中常用规范

规 范 名 称	规 范 编 号	功　　能
MIDP 2.0	JSR118	定义了应有模型（MIDlet）、用户界面支持（LCDUI）、记录存储系统（RMS）定时器等
Bluetooth	JSR82	提供了对蓝牙功能开发的支持
个人信息管理	JSR75	.提供了对电话号码本、日程安排和待办事项管理的支持

规 范 名 称	规 范 编 号	功　能
文件系统	JSR75	提供套件结构了对手机文件系统管理的支持
WMA2.0	JSR205	提供了对无线信息通信的支持
对媒体开发包	JSR139	提供了对媒体开发的支持
3D 图形开发	JSR184	提供了对媒体 3D 图形开发的支持
Location 定位	JSR179	提供了对位置开发的支持
XML 解析包	JSR172	提供了对 XML 文件解析的支持

习题 1

1. Java ME 与 Java SE 有什么不同？ Java ME 定位于什么样的应用领域？

2. 配置与简表的含义是什么？它们有什么联系和区别？

3. Java ME 的标准化工作是由什么组织来完成的？

4. Java ME 的软件分层体系结构，分哪些层？

5. 有几种配置？名称和含义分别是什么？

6. 手机属于哪种简表定义的设备？你还能举出一两种吗？

7. 要实现蓝牙功能，需要设置哪个层次的软件？

8. 每一个 MIDlet 的生命周期包含哪三个状态？

9. MIDlet 用于控制程序生命周期的有哪三个抽象方法？

10. 套件中有了清单文件为什么还要有描述文件？

11. 填空

（1）定义手机使用了＿＿＿＿＿虚拟机、＿＿＿＿＿配置和＿＿＿＿＿＿＿简表。

（2）手机应用程序一定是＿＿＿＿＿＿的子类。

（3）Java Me 的平台 MSA（Mobile Service Architecture）目前有两个版本：＿＿＿＿（JSR248）和＿＿＿＿（JSR249）。

（4）清单（Manifest）文件的后缀是＿＿＿＿＿。

第 2 章　Java ME 开发环境与工具

本章简介：本章将重点介绍 Java ME 应用开发环境的设置和 Java ME 主要开发工具的使用，包括 Sun 公司的无线工具包 WTK 和在 Eclipse 开发环境下使用 EclipseME 插件开发 Java ME 应用程序的方法。

"工欲善其事，必先利其器"。首先介绍开发 Java ME 应用程序的利器：WTK，Eclipse 及其插件 EclipseME 的安装方法。

2.1　安装无线工具包 WTK

无线工具包 WTK 的全称为：Sun J2ME Wireless Toolkit——Sun 公司（已被 Oracle 公司收购）的无线工具包。工具包的设计目的是帮助开发人员简化 Java ME 的开发过程。该工具包中包含了完整的生成工具、实用程序及设备仿真器。其当前较新的版本是 WTK 2.5.2 正式版，可以通过 Oracle 公司的官方网站 http://www.oracle.com/technetwork/java/javame/overview/index.html 查看相关的信息或下载。

在 WTK 2.5.2 版本中，全面支持简表 MIDP 2.0、配置 CLDC 1.1、无线消息 WMA 2.0、移动多媒体 MMAPI 1.1、网络服务 Web Services（JSR 172）、个人数字助理可选包规范 PDA Optional Package（JSR 75）、蓝牙规范 Bluetooth APIs（JSR 82）和移动 3D 图形规范 3D Graphics（JSR 184），当然，它也兼容开发面向 CLDC1.0 和 MIDP1.0 的应用程序。

WTK 2.5.2 版本支持 Windows、Solaris、Linux 三种操作系统版本。本书采用 Windows 操作系统版本。

1．WTK 软件环境

Java 开发环境：在使用 WTK 2.5.2 版开发 MIDP 应用程序之前，必须先安装 Java 开发包（Java Development Kit，JDK），本书采用当前较新的 JDK 1.6 版，可以到 Oracle 公司的官方网站免费下载：http://www.oracle.com/technetwork/java/javase/downloads/index.html 。下载后的文件名为：jdk-6u11-windows-i586-p.exe。

2．安装 JDK

在安装 WTK 之前，必须先安装 Java 开发环境 JDK。

这里采用 Windows XP 操作系统。

先在欲安装 JDK 的硬盘下创建一个目录，本书在 D:盘下创建一个名为 java 的文件夹，然后双击下载的可执行文件，可自动解压安装。

3．JDK 系统环境设置

对于 Windows 操作系统，在资源管理器中，右键单击"我的电脑"，从快捷菜单中选择"属性"命令，在打开的"系统属性"对话框中，选择"高级"选项卡，单击"环境变量"按钮，打开"编辑系统变量"对话框。

先编辑系统环境变量,变量名为 Path,添加变量值 D:\java\bin,如图 2-1 所示。

图 2-1　编辑 Path 环境变量

再创建系统环境变量,变量名为 Classpath,变量值为 D:\java\jre\lib\rt.jar;.;,如图 2-2 所示。

图 2-2　创建 classpath 环境变量

再创建系统环境变量,变量名为 java_home,变量值为 D:\java,如图 2-3 所示。

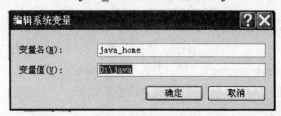

图 2-3　创建 java_home 环境变量

经测试可以正常运行后,可进行下一步——安装 WTK。

4. 安装 WTK

安装和设置好 JDK 后就可以安装无线工具包 WTK 了。

（1）在 D:盘下新建一个 wtk 文件夹。

（2）从网址 http://www.oracle.com/technetwork/java/download-135801.html 下载 WTK 软件,文件名为:sun_java_wireless_toolkit-2.5.2_01-win.exe,双击下载的可执行文件进入自动解压安装过程。

（3）在安装的过程中,安装向导会自动检测到计算机上已安装的 JDK 位置。

（4）单击"下一步"按钮,进入安装目录选择界面,这里选择 D:\wtk 目录作为软件存储位置。

（5）单击"下一步"按钮,完成 WTK 的安装。

选择菜单命令"开始"→"所有程序"→"Sun Java Wireless Toolkit 2.5.2_01 for CLDC",找到 WTK 程序组,如图 2-4 所示。

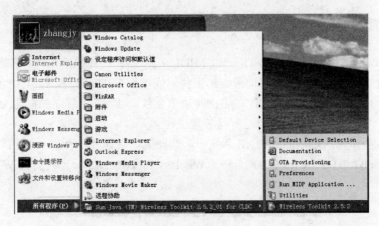

图2-4　WTK 程序组

WTK 程序组应包括：

- **Default Device Selection**　用于选择模拟的移动终端设备；
- **Documentation**　用于转至文档首页的链接；
- **OTA Provisioning**　用于将程序在线下载到终端设备中，测试应用程序的安装；
- **Preferences**　用于配置 WTK 的开发平台有关偏好的特性；
- **Run MIDP Application**　用于运行打包的 MIDP 程序；
- **Utilities**　包含工具集，用于启动工具包的实用程序窗口；
- **Wireless Toolkit 2.5.2**　开发 MIDP 的最小环境，是工具包的主入口点，从中可以获得工具集大多数功能。

WTK 2.5.2 版安装完毕后，在安装目录下自动生成若干个子目录，在程序组中生成若干个开发工具，各子目录及其含义说明如下：

- **j2mewtk_template**　包含 appdb、lib、sessions、wtklib 等子目录，内容包括记录数据存储系统（RMS）、文件系统和个人信息管理器，以及一些 Java 标志图片等；
- **apps**　WTK 自带的实例应用程序；
- **bin**　包含一些批处理文件和二进制可执行文件；
- **docs**　包含 API 文档和 Java ME 使用的 WTK 编程界面指南；
- **lib**　包含库文件，应用于一些核心类和可选包；
- **wtklib**　WTK 本身的类库和资源文件。

检查相关内容，完成 WTK 的安装工作。

2.2　使用 WTK 开发 MIDP 应用程序

安装了 WTK 后，就可以进行 MIDP 应用程序的开发了。本节将以 1.4 节中的例 1-1（HelloChina.java 程序）为例，使用命令行的方式演示 MIDP 应用程序的开发过程。

2.2.1　编写程序源代码

使用任一编辑软件编写 MIDP 应用程序，本书使用 UltraEdit（这里完全可以根据程序员习惯而定）。HelloChina 程序为第一个演示程序，其源代码见 1.4 节，这里不再赘述。

2.2.2 简单开发周期

编写完源代码后，就可以使用 WTK 开发 MIDP 应用程序了。在 WTK 中，它将每一个 MIDlet 套件组织成一个项目，并且每个项目的最终结果将形成一个 MIDlet 的套件，其中包含了套件的所有文件，包括：Java 源代码、资源文件、MIDlet 清单文件，以及应用程序的描述文件。通过 WTK 可以完成建立、打开、设置、打包、运行等管理工作。

启动 WTK 的步骤：在 Windows XP 系统中，选择菜单命令"开始"→"所有程序"→"Sun Java Wireless Toolkit 2.5.2_01 for CLDC"→"Wireless Toolkit 2.5.2"，即可打开 WTK 的控制台窗口，如图 2-5 所示。

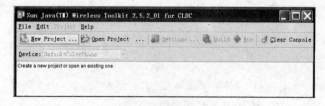

图 2-5　WTK 控制窗口

新建项目步骤如下。

（1）要开发一个 MIDP 应用程序，首先要新建一个项目。新建项目的过程如下：单击工具栏中的 New Project 按钮或从菜单栏中选择菜单命令"File"→"New Project"，打开 New Project 对话框。输入项目名称：Myproject，输入 MIDlet 类名称：HelloChina，如图 2-6 所示。

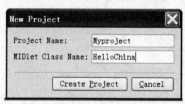

图 2-6　New Project 对话框

（2）单击 Creat Project 按钮，进入 Myproject 的项目设置对话框，如图 2-7 所示。

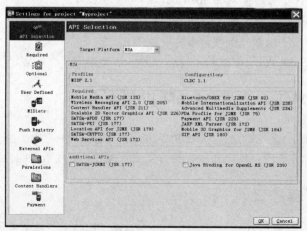

图 2-7　Myproject 的项目设置对话框

在项目设置对话框中，可以对 Myproject 项目的环境进行设置。各项设置完成后，单击 OK 按钮，返回控制台窗口。在控制台的中心区将显示新建立的 Myproject 项目源代码、资源文件、库文件的准确存储位置，如图 2-8 所示。

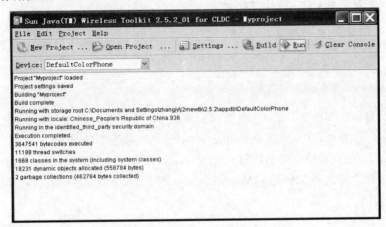

图 2-8 完成设置后的控制台

项目创建成功后，在项目目录中应具有如下目录结构，在 C:\Documents and Settings\zhangjy（这是用户名，不同操作系统其路径可能不同）\J2mewtk\2.5.2\apps 目录下出现了名为 Myproject 的目录（假设 WTK 安装在 D:\wtk 目录下），该目录中存放了项目所有的源文件，并且按照类型进行组织，具体目录名称对应的文件类型其含义解释如下。

bin：项目打包后，存放 MIDlet 套件描述文件 JAD 及 JAR 文件，还应包括打包的清单文件信息，此外还可能包含一个 HTML 文件，该文件在执行"OTA 运行"时在内部使用。

classes：存放已编译的类文件。

lib：存放此项目要使用的第三方类库文件。

res：存放此项目要使用的资源文件，如图片、音频、视频等。

src：存放项目 MIDlet 套件中的源代码文件。

tmpclasses：系统用于临时存储类文件。

tmplib：系统用于临时存储库文件。

project.properties：项目说明文件，它是一个普通文本格式的文件，描述了项目的特性，如平台、JAR 清单信息、JAD 信息等。

新建项目时，只产生 bin、lib、res、src 目录和 project.properties 文件，其他目录在需要的时候产生。

完成项目设置或选择默认的设置，在项目目录中确认存在上述目录结构之后，就可以将用 Ultradit 编辑器编辑后的 MIDlet 程序存储到指定目录中，本书为 C:\Documents and Settings\zhangjy\J2mewtk\2.5.2\apps\Myproject\src 目录。如果应用程序还包含必要的资源文件，可放到 Myproject 项目的 res 目录中。

随后单击 Build 按钮，完成对 Java 程序的编译和预验证工作。

单击 Run 按钮，弹出仿真器，可以在其上试运行 Java 类文件，如图 2-9 所示。

图 2-9 仿真器

选择菜单命令"文件"→"退出"，可退出应用程序。至此完成了一个简单 MIDP 程序开发周期。

2.2.3　设置 WTK 开发环境

为了使 WTK 可以用于模拟开发多种不同硬件配置的手机通信设备，应该对 WTK 项目进行设置。

1. 打开已有项目

打开已有项目的步骤如下：单击 WTK 控制台窗口工具栏中的 Open Project 按钮或选择菜单命令"文件"→"打开项目"，出现 Open Project 对话框，如图 2-10 所示。

在 Project 列中找到希望打开的项目（如 Myproject），选中后单击 Open Project 按钮，此时控制台主窗口中标题将显示"Project "Myproject" loaded"，表明项目已经打开，如图 2-11 所示。

2. 项目设置

单击控制台上的 Settings 按钮，打开项目设置对话框，进行项目的设置。

（1）API 选择

单击左侧的 API Selection 项，右侧出现 API Selection 页面，如图 2-7 所示，可以对项目平台的保护域、简表、配置、可选包进行设置。

（2）设置 MIDlet 套件属性

单击 Required 项，出现如图 2-12 所示页面，可以对清单文件和 JAD 描述文件规定的必要属性进行设置。

单击 Optional 项，出现如图 2-13 所示页面，可对清单文件和 JAD 描述文件规定的可选属性进行设置。

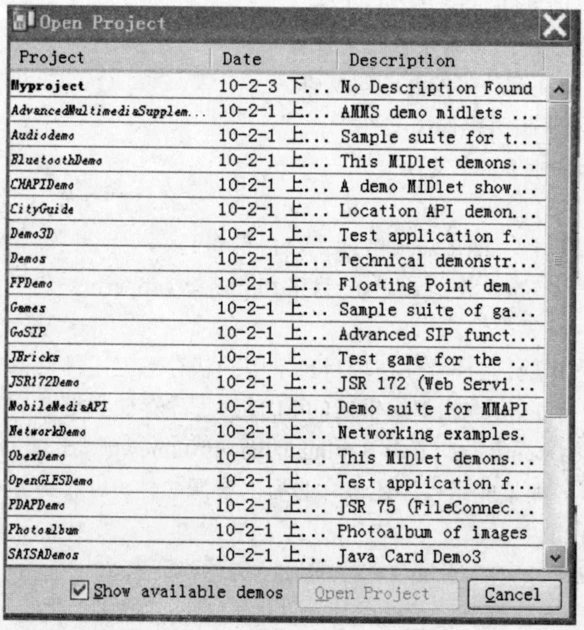

Open Project		
Project	Date	Description
Myproject	10-2-3 下...	No Description Found
AdvancedMultimediaSupplem...	10-2-1 上...	AMMS demo midlets ...
Audiodemo	10-2-1 上...	Sample suite for t...
BluetoothDemo	10-2-1 上...	This MIDlet demons...
CHAPIDemo	10-2-1 上...	A demo MIDlet show...
CityGuide	10-2-1 上...	Location API demon...
Demo3D	10-2-1 上...	Test application f...
Demos	10-2-1 上...	Technical demonstr...
FPDemo	10-2-1 上...	Floating Point dem...
Games	10-2-1 上...	Sample suite of ga...
GoSIP	10-2-1 上...	Advanced SIP funct...
JBricks	10-2-1 上...	Test game for the ...
JSR172Demo	10-2-1 上...	JSR 172 (Web Servi...
MobileMediaAPI	10-2-1 上...	Demo suite for MMAPI
NetworkDemo	10-2-1 上...	Networking examples.
ObexDemo	10-2-1 上...	This MIDlet demons...
OpenGLESDemo	10-2-1 上...	Test application f...
PDAPDemo	10-2-1 上...	JSR 75 (FileConnec...
Photoalbum	10-2-1 上...	Photoalbum of images
SATSADemos	10-2-1 上...	Java Card Demo3

☑ Show available demos　　Open Project　　Cancel

图 2-10　Open Project 对话框

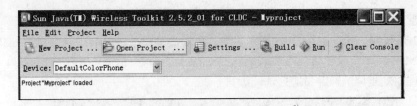

图 2-11　主窗口内容表明项目已经打开

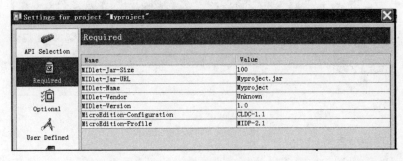

图 2-12　设置必要属性

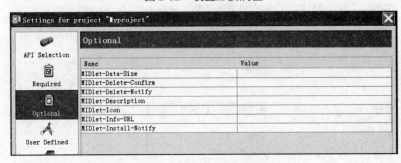

图 2-13　设置可选属性

（3）用户定义属性

单击 User Defined 项，出现如图 2-14 所示页面，可以对清单文件和 JAD 描述文件规定的用户自定义属性进行设置。值得注意的是，用户自定义属性仍然遵循"属性名:属性值"成对的形式出现，但不能使用"MIDlet-"或"MicroEdition-"为前缀。

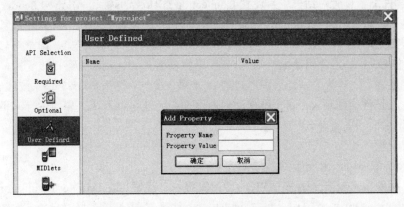

图 2-14　设置用户自定义属性

（4）设置 MIDlet 套件中的 MIDlet 名称、图标和类

单击 MIDlets 项，出现如图 2-15 所示页面，可对套件中的 MIDlet 进行添加、编辑和删除操作。每一个 MIDlet 都包含键值（Key）、名称（Name）、图标（Icon）和类（Class）4 个属性，其中键值是系统自动生成的，并按顺序连续编排。

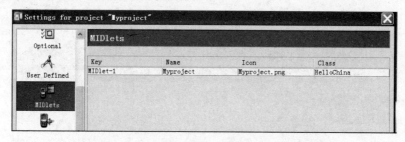

图 2-15　设置 MIDlet 套件中的 MIDlet 相关属性

（5）设置推送注册表

单击 Push Registry 项，如图 2-16 所示，进入推送注册表页面。

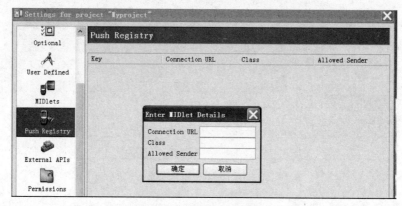

图 2-16　推送注册表页面

Push 是一种通过异步的方式从服务器端主动将信息传送给移动设备，并自动启动 Java ME 应用程序的机制。可以在推送注册表中注册 MIDlet，即向注册表中添加条目，单击 Add 按钮，在打开的 MIDlet 套件细节设置对话框中，设置 Connection URL、Class 和 Allowed Sender 属性值，之后单击"确定"按钮。Connection URL（连接 URL）指定用来标识连接协议和端口号的连接字符串；Class 指定推送注册的 MIDlet 的类名；Allowed Sender（允许的发送方）指定可启动的相关的MIDlet 有效的发送方。可使用通配符"*"表示来自任何源的连接都是可以接受的。如果使用数据报或套接字连接，则其值可以是数字形式的 IP 地址。此外，键值（Key）是系统注册的属性名，由系统自动生成且自动排序。在这个推送注册表页面中，还可以对相关属性进行编辑和删除操作（详细应用参见后面相关章节）。

（6）权限设置

单击 Permissions 项，出现如图 2-17 所示页面。

在这个页面中，可对安全敏感 API 的访问权限进行设置。在 MIDlet-Permissions 列表框或MIDlet-Permissions-Opt 列表框中，单击 Add 按钮，打开权限 API 选择对话框，如图 2-18 所示。

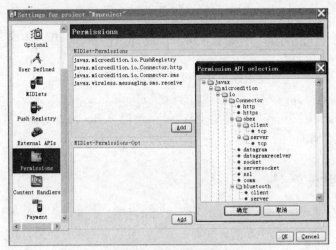

图 2-17　权限设置

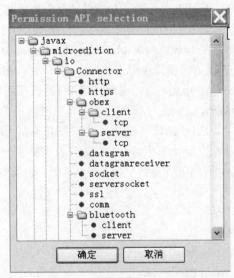

图 2-18　权限 API 选择对话框

该对话框中的权限结构与 Java 中的类结构相同。如果要使用推送注册表，则必须具有访问 javax.microedition.io.PushRegisty 这一 API 的权限；要使用 HTTP 协议，则需要 javax.microedition.io. Connector.http 权限。这些权限的添加方法是，选中后单击"确定"按钮。

2.2.4　完整开发周期

MIDlet 套件的完整开发周期主要包括以下内容。

编辑源代码：这个过程与简单开发周期相同。

打包：对源文件进行编译和预校验，将 Java 的类文件和资源文件打包形成 MIDlet 套件的 JAR 文件，产生 MIDlet 套件的描述文件（JAD 文件）。

安装：将 MIDlet 套件或 MIDP 应用程序安装到 WTK 仿真器中或真实设备中。安装过程将在 11.1 节中介绍。

运行：这个过程与简单开发周期类似。

2.3 使用 Eclipse 开发环境开发 MIDP 应用程序

Eclipse 是一个开发源代码的集成开发环境，并且是基于 Java 语言的可扩展开发平台。因为它具有良好的可扩展性，Java ME 开发可以继续在 Eclipse 开发环境中完成，利用 Eclipse 界面友好的优势，提高 Java ME 应用程序的开发效率。本节将以 HelloChina 为例，讲解如何配置和使用 Eclipse 开发环境开发 MIDP 应用程序。

2.3.1 Eclipse 概述

Eclipse 是当今最流行的 Java 开发 IDE（集成开发环境）之一，在 Java 社团中，使用 Eclipse 以及基于 Eclipse 技术的其他衍生品的开发者占多数，且数量呈上升趋势。其实 Eclipse 本身只是一个框架和一组相应的服务，并不能开发应用程序。在 Eclipse 中几乎任何功能都可以通过扩展插件而实现。同时，各个领域的开发人员通过开发插件，可以构建与 Eclipse 环境无缝集成的开发工具。

Eclipse 开发环境的下载地址是 http://www.eclipse.org/downloads/index.php，本书使用的版本是较新的 3.4.0 版，同时也可以下载语言包和实用工具。

可以利用 Eclipse 开发 Java ME 应用程序，也就是将 WTK 开发包作为插件集成到 Eclipse 中。在集成过程中需要 Eclipse 到 WTK 之间的连接器，这个连接器就是 EclipseME，它帮助开发者开发 Java ME 应用程序。实际上，EclipseME 本身并不为开发者提供无线设备模拟器，而是将各手机厂商的实用模拟器紧密连接到 Eclipse 开发环境中，为开发者提供一种无缝、统一的集成开发环境。在 http://www.eclipseme.org 网站可以免费下载 EclipseME，当前较新的版本是 1.7.9 版。它提供的具体功能如下：

- 支持多个 Java ME 开发包；
- 支持平台组件和定义；
- 支持 MIDP 工程和单个应用程序的创建；
- Java 应用程序描述符编辑器；
- 自动增量预审核；
- 支持由 Eclipse 调用模拟器；
- 支持 MIDP 程序调试；
- 支持 JAR 混淆和打包；
- 自动 JAR 数字签名。

2.3.2 安装 Eclipse 和 EclipseME

如前所述，WTK 是集成在 Eclipse 开发环境中的，为此在安装 Eclipse 之前，需要先安装 JDK 和 WTK。

Eclipse 的安装过程很简单，实际上就是一个解压缩的过程，将下载的 Eclipse 压缩文件解压缩到任意目录中即可，这里解压缩到 D:\eclipse 目录中。如果需要，可使用汉化包对英文版的 Eclipse 进行汉化，但是不进行汉化对开发并无影响。

进入解压缩目录，第一次运行 Eclipse 程序，此时需要设置 Eclipse 的工作目录，如图 2-19 所示，这个目录就是存储 MIDlet 套件的默认目录。这里设置 E:\workspace 为工作目录，单击 OK 按钮完成设置。

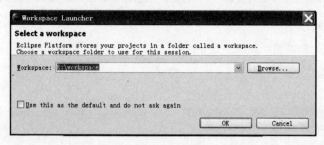

图 2-19　设置 Eclipse 的工作目录

Eclipse 的主窗口如图 2-20 所示。

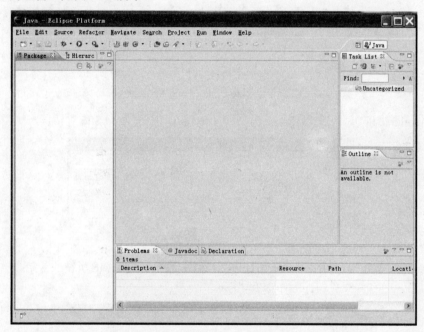

图 2-20　Eclipse 主窗口

下一步是安装 EclipseME，在 Eclipse 主窗口中，选择菜单命令"Help"→"Software Updates"，如图 2-21 所示。

图 2-21　Help 子菜单

打开 Software Updates and Add-ons 窗口，如图 2-22 所示。

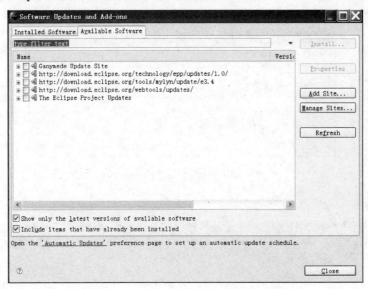

图 2-22　Software Updates and Add-ons 窗口

选择 Available Software 选项卡，单击 Add Site 按钮，打开 Add Site 对话框，如图 2-23 所示。

图 2-23　Add Site 对话框

单击 Archive 按钮，打开 Repository archive 对话框。进入 EclipseME 所在的目录，选中 eclipseme 压缩文件，单击"打开"按钮，如图 2-24 所示。

图 2-24　选中 eclipseme 压缩文件

返回 Add Site 对话框，如图 2-25 所示，单击 OK 按钮。

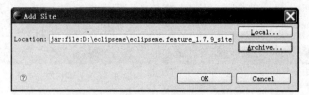

图 2-25　返回 Add Site 对话框

返回 Software Updates and Add-ons 窗口，如图 2-26 所示。

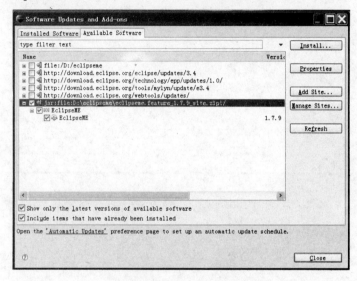

图 2-26　返回 Software Updates and Add-ons 窗口

　　这时，在 Available Software 选项卡中已经增加了 EclipseME 软件。选中该项后，**Install 按钮变**为可用按钮。单击 Install 按钮，开始安装 EclipseME 软件。首先，进入安装和确认页面，如图 **2-27**所示。

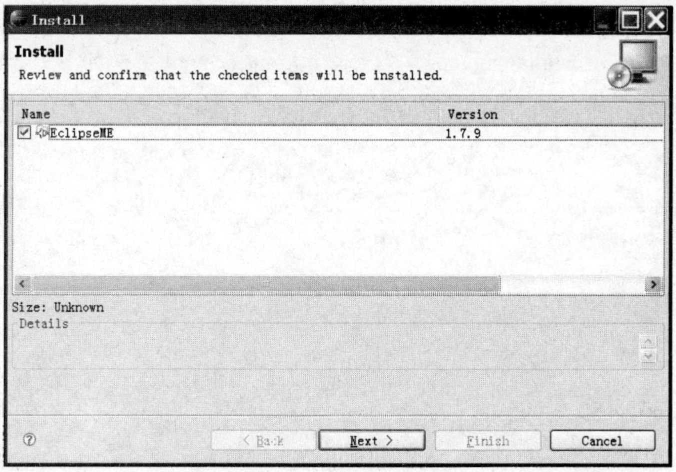

图 2-27　安装和确认页面

单击 Next 按钮，接受相关协议，结束安装，最后出现重新启动提示对话框。

重新启动 EclipseME 后，选择菜单命令"Window"→"Preferences"，进入 Preferences 窗口，在左侧列表框中多了 J2ME 一项，如图 2-28 所示，说明 Java ME 插件已经安装完毕。

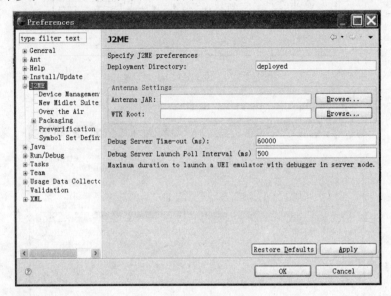

图 2-28　Preferences 窗口

2.3.3　配置 Eclipse

下面需要对 Eclipse 开发环境进行配置。在进行 Java ME 应用程序开发时，需要在 PC 机上模拟一个小型移动设备的软件环境(本书以移动电话的软件环境为例)，称为模拟器。所有的 Java ME 应用程序先在模拟器中运行，调试通过后，再下载到真实的硬件设备上运行，所以在运行程序前必须配置 Eclipse，启动模拟器。

1. 配置模拟器

方法是：选择菜单命令"Window"→"Preferences"，进入 Preferences 窗口，在左侧列表框中依次选择 J2ME→Device Management 项，Device Management 页面如图 2-29 所示。

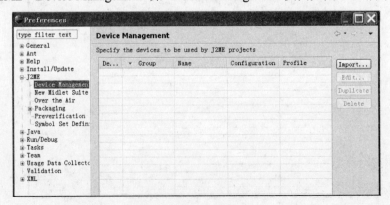

图 2-29　Preferences 窗口 Device Management 页面

单击 Import 按钮，进入 Import Devices 对话框。单击 Browse 按钮，弹出浏览对话框，选择 D:\wtk 目录下的压缩文件，单击 OK 按钮，返回 Import Devices 对话框。单击 Refresh 按钮，显示如图 2-30 所示。

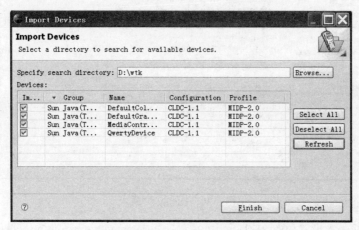

图 2-30　Import Devices 对话框

在这个对话框中，共有 4 个可供选择的模拟设备。单击 Finish 按钮，返回 Device Management 页面。在其中选择在本 Java ME 项目中使用的移动设备，本书默认使用 Default Color Phone 手机设备，如图 2-31 所示。

最后依次单击 Apply 按钮和 OK 按钮，到此 Eclipse 模拟器配置完成。

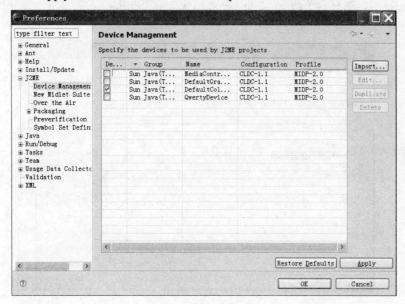

图 2-31　选择移动设备

2. 配置偏好对话框

和配置模拟器一样，首先打开 Preferences 窗口，在左侧列表框中选择 Java→Debug 项，Debug 页面如图 2-32 所示。

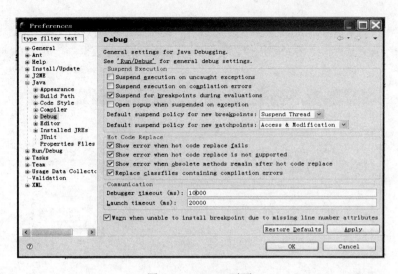

图 2-32 Debug 页面

在 Debug 页面中，设置如图 2-32 所示。这里，将 Debugger timeout(ms)设置为 10000，目的是将 Java 调试器启动的超时时间增大到 10 秒，从而等待模拟器启动后再运行 Java ME 应用程序，否则系统会出现调试器超时错误。

2.3.4 使用 Eclipse 创建 MIDlet 套件

运行 Eclipse 后，选择菜单命令"File"→"New"→"Project"，打开 New Project 对话框，如图 2-33 所示。

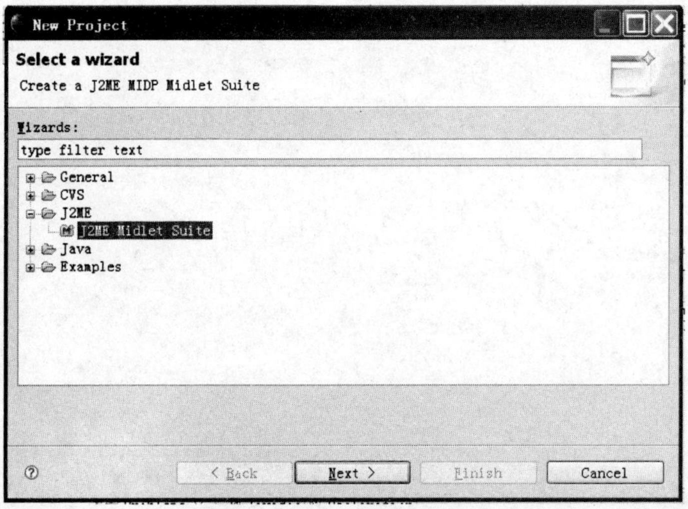

图 2-33 New Project 对话框

在列表框中选择 J2ME→J2ME Midlet Suite（MIDlet 套件）项，单击 Next 按钮。进入新项目命名页面，如图 2-34 所示，在 Project name 框中输入新建工程项目的名称：Myproject，系统将建立一个同名包（文件夹）。

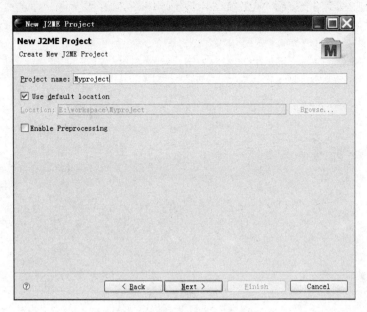

图 2-34　新项目命名页面

　　在默认的情况下，Eclipse 将在工作目录中建立一个同名文件夹，用于存放套件中所有的相关文件。单击 Next 按钮，进入下一个设置页面，如图 2-35 所示。

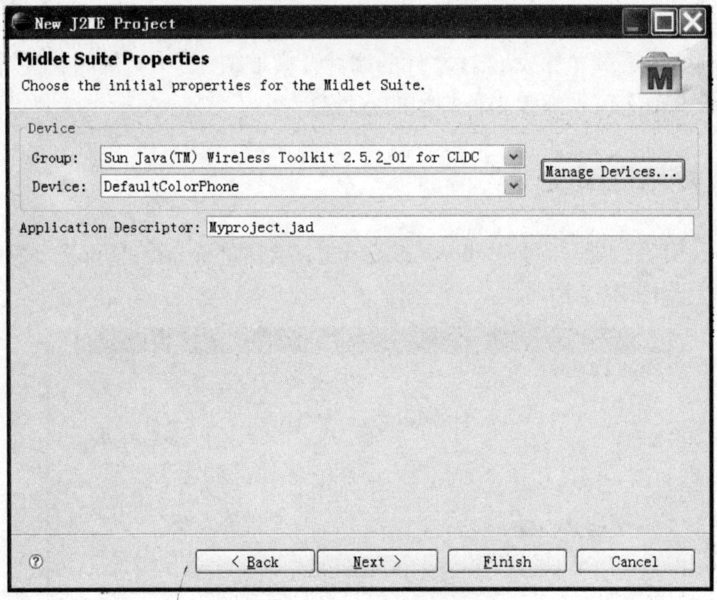

图 2-35　属性设置页面

　　在这个页面中可以设置 MIDlet 的属性，如使用哪种模拟器、套件描述文件的名称等。单击 Finish 按钮，返回 Eclipse 主窗口，在左侧的 Package（包）浏览器中，将出现新建的套件（Myproject），如图 2-36 所示。

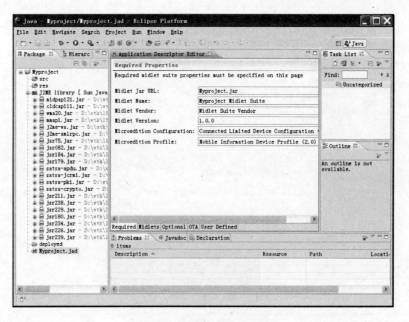

图 2-36　返回 Eclipse 主窗口

此时，Eclipse 在套件目录中建立了相关文件（文件夹），如 src 类源文件、lib 库文件和 JAD 文件，双击 Myproject.jad 项，出现如图 2-36 所示的内容。

单击 J2ME library 项，可以看到 MIDlet 套件已经自动绑定了 J2ME 的运行库，并创建了 JAD 等文件。

在此可以看到配置清单文件或 JAD 文件的属性及其取值，其中关键的属性就是配置和简表的版本。选择下面的选项卡可以配置多种类型的属性值。

2.3.5　创建 MIDlet

在完成 MIDlet 套件创建后，在 Eclipse 主窗口中，选择菜单命令"File"→"New"→"Other"，打开 New 对话框，如图 2-37 所示。

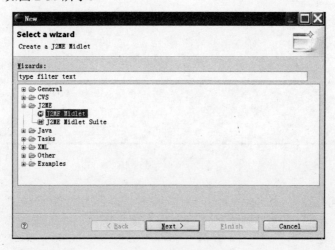

图 2-37　New 对话框

在列表框中选择 J2ME→J2ME Midlet 项，单击 Next 按钮，进入创建 MIDlet 页面，如图 2-38 所示，在 Name 框中输入 MIDlet 名称，单击 Finish 按钮完成创建。

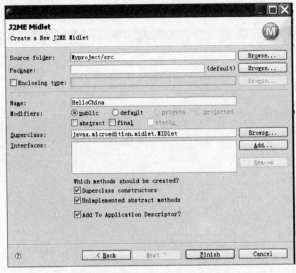

图 2-38　创建 MIDlet 页面

如果要在套件中创建非 MIDlet 的其他 Java 类，则应在 New 对话框的列表框中选择 Java→Class 项，然后单击 Next 按钮，出现与图 2-38 类似的页面，在 Name 框中输入 Java 类的名称，单击 Finish 按钮完成创建。

此时，Eclipse 为我们建立了一个 MIDlet，并生成了一个基本代码框架，这个代码框架与前面描述的 MIDlet 程序框架相同，此后只需在框架中填充自己的代码即可。这里将前面已运行过的 HelloChina.java 的代码填入其中。

2.3.6　运行 MIDlet

代码编写完毕后，在左侧 Package 浏览器中，右键单击 Myproject 项，从快捷菜单中选择"Run As"→"Run Configurations"命令，如图 2-39 所示。

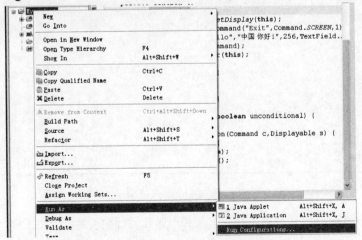

图 2-39　右键快捷菜单

然后在工具栏中单击最左侧的 New Launch Configuration 按钮，出现 Run Configurations 对话框，在这里可以编辑运行配置信息。在上面的 Name 框中输入新配置的名称：New_configuration，如图 2-40 所示。

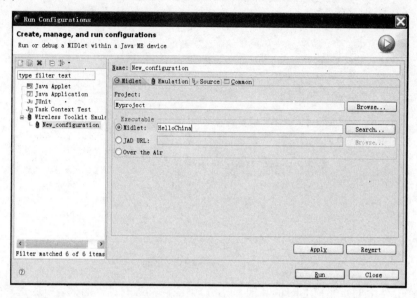

图 2-40　Run Configurations 对话框

Eclipse 允许建立多个运行配置。在 Midlet 选项卡中，单击 Project 框右侧的 Browse 按钮，选择要运行的 MIDlet 套件。选中 Midlet 项，单击 Search 按钮，选择要运行的 MIDlet。

选择 Emulation（模拟器）选项卡，如图 2-41 所示，配置模拟器的类型和安全域。当然，也可以在 Source 选项卡和 Common 选项卡中，分别配置项目的源目录和标准输入/输出。

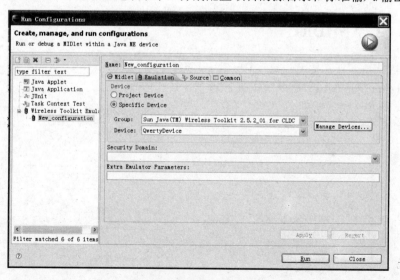

图 2-41　Emulation 选项卡

以上选项卡一般选择默认设置。最后单击 Run 按钮运行模拟器，与使用命令行或 WTK 工具栏的结果相同。

2.3.7 打包与混淆

在模拟器中正确运行程序后，下一步就是为套件生成 JAR 文件，用来发布项目。右键单击目标项目，在快捷菜单中选择"J2ME"→"Create Package"命令，生成 JAR 包，如图 2-42 所示。

图 2-42　打包

打包完毕后，会在项目目录下找到 deployed 目录，在该目录下存放了包文件（.jar）和描述文件（.jad），如图 2-43 所示。

另外一种打包方式就是"产生混淆包"。这种打包方式可以减小 MIDlet 套件的体积，从而缩短下载时间，还能保护代码不会被简单地反编译。这种混淆过程需要 Eclipse 安装混淆器。本书使用的是免费的 ProGuard 4.6 版本。首先需要从网站 http://proguard.sourceforge.net 下载安装文件，然后解压缩到一个指定目录中，这里是 D:\proguard\proguard4.6。

在主窗口中，选择菜单命令"Window"→"Preferences"，打开 Preferences 窗口，在左侧列表框中选择 J2ME→Packaging→Obfuscation 项，如图 2-44 所示。

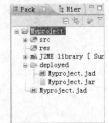

图 2-43　deployed 目录

单击 Proguard Root Directory 框右侧的 Browse 按钮，寻找混淆器的目录，即 ProGuard 4.6 存放的目录，依次单击 Apply 按钮和 OK 按钮，完成混淆器的安装。

安装混淆器后，如果需要对程序进行混淆，则在 Eclipse 左侧的 Package 浏览器中右键单击需要混淆的 MIDlet 套件，在快捷菜单中选择"J2ME"→"Create Obfuscated Package"命令，完成混淆。

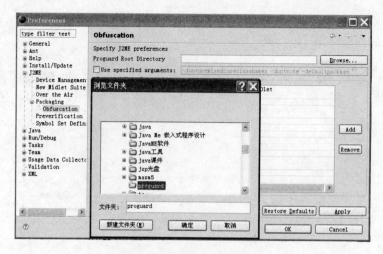

图 2-44　Obfuscation 页面

完成混淆后的 JAR 文件和 JAD 文件保存在 deployed 目录下，如图 2-45 所示。

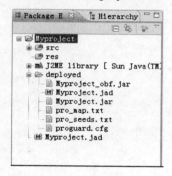

图 2-45　混淆后的 deployed 目录

习题 2

1. 在安装 WTK 之前必须安装什么软件？
2. MIDP 套件打包后生成的程序名后缀是什么？
3. 使用 Eclipse 开发 MIDP 应用程序为什么必须安装 EclipseME 软件？
4. MIDlet 套件的完整开发周期主要包括哪些内容？
5. 用 Eclipse 开发 Java ME 应用程序，其模拟器来自哪个软件？
6. 用户自定义的 MIDlet 属性，其属性名不能以哪两个字符串开头？
7. 打包后的 JAR 文件和 JAD 文件在什么目录下？

第3章　图形用户界面体系结构

本章简介：本章介绍 Java ME 图形用户界面体系结构。由于资源方面的限制，MIDP 没有使用标准 Java 图形界面（Abstract Windowing Toolkit，AWT）类和 Swing API，而是针对移动通信设备提供了 LCDUI（Limited Configuration Device User Interface，受限设备用户接口），实现了基于 Java ME 的用户图形界面。本章重点介绍 MIDP 图形用户界面 LCDUI 的体系结构，讲解屏幕管理类 Display 类，显示类 Displayable 类，命令类 Command 类和监听器类 CommandListener 接口。

图形用户界面对于应用程序非常重要，因为它是程序与用户之间交互的桥梁。针对移动通信设备，MIDP 提供了称为 LCDUI 的 API 集，来实现 Java ME 的图形用户界面设计。本章重点讲述它的体系结构及其相关的类。

3.1　LCDUI 体系结构

在图形用户界面类库 LCDUI 中的界面类可以分成两种类型：高级用户界面类（Screen 类）和低级用户界面类（Canvas 类和 Graphic 类）。

高级用户界面由一些基于窗口的 UI 组件构成，其特点是：在高度抽象的水平上封装了一些基本界面控件类，如 Alert、List、TextBox 和 Form 等；有较好的移植性；主要应用于业务处理的应用程序。对于高级用户界面，开发人员无须关心各种界面控件的颜色、字体和外观等，因为不同的硬件设备上可能具有的不同细节设置，从而加速了界面的设计，缩短了开发周期。

也正是这些特点，使得开发人员对于屏幕的细节、主动捕获一些特殊的事件几乎束手无策，对于一些较为复杂的界面显得无能为力。为此，LCDUI 还提供了低级用户界面类。

低级用户界面采用了基于像素的设计方法，其特点是：允许设计者在屏幕上较精确地绘制图形；可以进行细致的布局，绘制每个像素点，接受较低层的事件，直接获得用户的按键消息；可以设计复杂的用户交互。但是抽象较少，每一个界面都需要程序员自己来绘制，大部分事件也都需要程序员自己去捕获和处理，因此需要编写较多的代码；不能保证程序可以在不同的硬件设备上运行，也不能保证不同硬件设备的运行结果相同，可移植性差。

注意：高级用户界面类和低级用户界面类可以在同一个 MIDlet 中使用，但在同一个屏幕对象中，只能使用其中之一。

LCDUI 包中最重要的类有 Display、Displayable、Command 和 CommandListener。图 3-1 显示了 LCDUI 包中重要的类之间的继承关系。

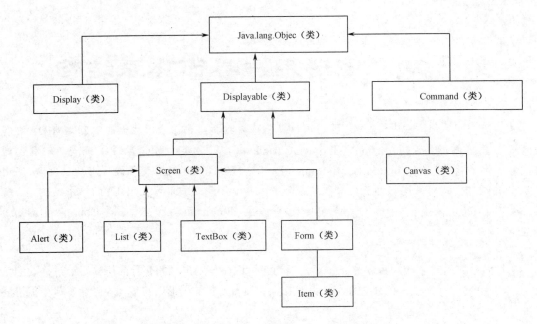

图 3-1　LCDUI 包中重要的类之间的继承关系

3.2　Display 类

　　Display 类提供了访问物理屏幕的通道，可以获取设备属性和请求在设备上显示某一对象的方法。它是 J2ME 应用程序中的屏幕管理类，负责将各个界面中显示的内容映射到实际硬件设备的屏幕上。

　　可以使用静态方法 Display.getDisplay( )获得一个 Display 的实例。由于这个方法是单态模式的，因此在 MIDlet 执行的整个过程中，调用该方法只能获得同一个 Display 对象的引用。该方法定义如下：

```
public static Display getDisplay(MIDlet m)
```

　　其中，参数 m 用于指定返回哪个 MIDlet 对象的 Display 对象的引用。返回值是一个 Display 类的对象。在任何时候，都可以调用该方法，每个 MIDlet 程序都只有一个自己的 Display 实例，在多数情况下，将获得的 Display 实例作为成员变量，而避免多次调用 getDisplay 方法。

　　获得 Display 实例后，其显示的内容 Displayable 对象并不马上显示在屏幕上，只有调用了 Display 实例的 setCurrent( )方法后，才将实例中的内容显示到物理屏幕上。Displayable 对象在屏幕上显示的视图，在 MIDlet 中任何时刻只能有一个 Displayable 对象是可见的。因此，setCurrent( )方法可以实现视图转换。Display 类中定义了可以重载的两个方法如下：

```
public void setCurrent(Displayable nextDisplayable)
public void setCurrent(Alert alert, Displayable nextDisplayable)
```

　　第一个方法设置在屏幕上显示一个 Displayable 对象 nextDisplayable；第二个方法首先弹出警示框类的对象 alert，当 alert 对象消失后再显示 Displayable 对象 nextDisplayable。

　　关于使用该方法的时机：在生命周期中，MIDlet 从暂停态转换为激活态需要调用 startApp 方法，而此时是调用 setCurrent( )方法的最佳时机，更新当前激活的 MIDlet 屏幕。

当多个 MIDlet 类同时运行时，每一个 MIDlet 都保存自己的屏幕内容（Displayable 对象），但只有处于激活状态的 MIDlet 可以通过调用 setCurrent( )方法将自己的屏幕内容显示到设备的屏幕上。Display 类还定义了 getCurrent()方法，用于获取当前显示的 Displayable 对象：

```
public Displayable getCurrent()
```

此外，Display 还定义了显示当前设备显示属性的方法。

（1）获取当前设备采用边框类型的方法

```
public int getBorderStyle(Boolean highlighted)
```

其中，参数 highlighted 表示是否高亮度显示边框。返回值只能是下面两个值中的一个：

● Graphics.DOTTED，虚线类型；

● Graphics.SOLID，实线类型。

（2）获取图像最佳宽度和高度的方法

```
public int getBestImageWidth(int imagetype)
public int getBestImageHeight(int imagetype)
```

其中，参数 imagetype 表示图像类型。目前，Display 定义的图像类型有以下 3 种：

● LIST_ELEMENT，用于 List 选项的图像。

● CHOICE_GROUP_ELEMENT，用于 ChioceGroup 选项的图像。

● ALERT，用于 Alert 提示的图标。

（3）判断当前设备是否支持彩色显示的方法

```
public Boolean isColor()
```

（4）获取当前设备支持透明显示的层数的方法

```
public int numAlphaLevels()
```

（5）获取当前设备支持的颜色数或透明灰度级数的方法

```
public int numColor()
```

（6）获取当前设备定义的一些特定颜色属性的方法

```
public int getColor(int colorSpecifier)
```

功能：该方法以 0x00RRGGBB 的格式返回指定颜色的 RGB 值。其中，参数 colorSpecifier 为定义的颜色标识，取值见表 3-1。

表 3-1　Display 类中定义的颜色标识

标 识 名 称	常量	描　　　述
COLOR_BACKGROUND	0	指定屏幕的背景颜色
COLOR_FOREGROUND	1	指定屏幕的前景颜色。静态文本和用户可编辑的字符的前景颜色
COLOR_HIGHLIGHTED_BACKGROUND	2	指定绘制或填充一个有焦点或者有焦点并高亮显示的矩形的颜色
COLOR_HIGHLIGHTED_FOREGROUND	3	指定文本字符和简单图形高亮显示时的颜色
COLOR_BORDER	4	指定屏幕上没有高亮显示的边框的颜色
COLOR_HIGHLIGHTED_BORDER	5	指定屏幕上被高亮显示的边框颜色

例 3-1　使用 Display 对象判断当前设备的屏幕是否支持彩色。如果支持，则输出它的颜色数。在构造方法中，通过 getDisplay 方法获得当前屏幕类对象，存放在成员变量 display 中。使用 Display 类的 isColor 方法判断当前设备是否支持彩色显示。如果支持，则构造字符串"支持彩色显示！共支持的颜色数是"；如果不支持，则构造字符串"不支持彩色显示！透明等级是"。在这个程序中，

将字符串作为构造 TextBox 控件的显示内容。在 startApp 方法中调用 setCurrent 方法，将 TextBox 控件显示在屏幕上。

程序名：TestColor.java

```
import javax.microedition.midlet.MIDlet;
import javax.microedition.lcdui.*;
public class TestColor extends MIDlet implements CommandListener{
    private Display display;
    private TextBox t;
    private Command exitCommand;
    public TestColor(){
        display=Display.getDisplay(this);
        exitCommand=new Command("退出",Command.SCREEN,1);
        String message=null;
        if (display.isColor())      {
            message="支持彩色显示！共支持的颜色数是"+display.numColors();
        }
        else          {
            message="不支持彩色显示！";
        }
        t=new TextBox("支持的颜色",message,256,TextField.ANY);
        t.addCommand(exitCommand);
        t.setCommandListener(this);
    }
    protected void startApp(){
        display.setCurrent(t);
    }
    protected void pauseApp(){}
    protected void destroyApp(boolean unconditional){
    }
    public void commandAction(Command c,Displayable d) {
        if (c==exitCommand)      {
            destroyApp(false);
            notifyDestroyed();
        }
    }
}
```

如图 3-2 所示为支持彩色的模拟器运行结果，如图 3-3 所示为不支持彩色的模拟器运行结果。

图 3-2 支持彩色的模拟器运行结果

图 3-3 不支持彩色的模拟器运行结果

3.3 Displayable 类

Displayable 是屏幕上显示内容的抽象表示，是所有用户组件的基类。一个 MIDlet 只能有一个 Display 类实例，但可有多个 Displayable 对象。值得注意的是，在某一时刻，只有一个 Displayable 对象是有效的。它包含两个直接子类：Screen 和 Canvas。其中，Canvas 及其子类属于低级用户界面类；而 Screen 属于高级用户界面类，并且有 4 个子类：Alert、Form、List 和 TextBox。

Displayable 类是抽象类。由于它不提供公共的构造方法，因此开发人员不能直接使用它，只能使用 Displayable 类的子类构造其对象。

其主要方法可分为如下 4 类。

（1）与界面标题有关的方法

设置界面标题的方法，定义如下：

```
public void setTitle(String S)
```

获得界面标题的方法，定义如下：

```
public String getTitle()
```

（2）与滚动条 Ticker 有关的类

滚动条 Ticker 用于播放一段不停滚动的文字，滚动的速度和方向由手机硬件决定。Ticker 的构造方法，定义如下：

```
public Ticker(String str)
```

其中，参数 str 就是要滚动的文字。Ticker 类通过 getString()方法来获得当前 Ticker 中滚动的文字，通过 setString()方法来设置滚动文字。

由于加载 Ticker 的方法是在 Displayable 中定义的，所以其所有子类都可以加载 Ticker。为当前 Displayable 子类对象加载 Ticker 的方法，定义如下：

```
public void setTicker(Ticker ticker)
```

获得当前 Displayable 子类对象滚动条的方法，定义如下：

```
public Ticker getTicker()
```
（3）与显示相关的方法

前面提到，使用 Display 类的 setCurrent 方法，可以设置当前屏幕中所显示的 Displayable 类对象，但这并不是在所有的情况下都有效。当出现一些紧急事件需要处理时，JAM（Java 应用程序管理器）可能将当前正在执行的应用程序放置在后台运行。相应地，可能将该应用程序的 Displayable 类对象也被放置在后台，而此时应用程序并不知道自己的 Displayable 类对象已经被移至后台，可能会出现错误。为此，应用程序需要通过调用 isShown 方法获得自己的 Displayable 类对象是否在屏幕可见。

确认该 Displayable 类对象是否正在显示的方法，定义如下：
```
public Boolean isShown()
```
获取当前当前 Displayable 类对象的宽度的方法，定义如下：
```
public int getWidth()
```
获取当前当前 Displayable 类对象的高度的方法，定义如下：
```
public int getHeight()
```
处理 Displayable 类对象的大小改变事件的方法，定义如下：
```
protected void sizeChanged(int w, int h)
```
（4）与命令按钮相关的方法

Displayable 类对象允许添加若干 Command 类对象，用于响应用户在界面上的按键。该命令可以通过 setCommandListener 方法绑定一个命令触发监听器，一旦用户根据界面提示，按下数字键盘上的某一个按键后，命令触发监听器就会捕捉到该事件并做出相应的处理。

监听器 CommandListener 的处理程序，也是这个接口中唯一的方法，定义如下：
```
CommandAction()
```
向当前 Displayable 类对象添加一个菜单命令的方法，定义如下：
```
public void addCommand(Command cmd)
```
删除一个菜单命令的方法，定义如下：
```
public void removeCommand(Command cmd)
```
为 Displayable 类对象设置监听器的方法，定义如下：
```
public void setCommandListener(CommandListener lis)
```
例 3-2　为 Displayable 对象的子类 textBox 对象设置标题、滚动条的高度和宽度。

程序名：TestDisplayable.java
```
import javax.microedition.midlet.*;
import javax.microedition.lcdui.*;
public class TestDisplayable extends MIDlet{
    private Display display;
    private TextBox textBox;
    private Ticker ticker;
    public TestDisplayable(){
        display=Display.getDisplay(this);
        textBox=new TextBox("Displayable 对象","测试 Displayable
                            对象",50,0);
        ticker=new Ticker("我喜欢 Java ME，一定努力学习！");
```

```
            textBox.setTicker(ticker);
            textBox.setTitle("标题内容");
            String height="Displayable 对象的高度: "+textBox.getHeight();
            String width="Displayable 对象的宽度: "+textBox.getWidth();
            textBox.setString(height+width);
        }
        public void startApp(){
            display.setCurrent(textBox);
        }
        public void pauseApp(){}
        public void destroyApp(boolean uncondition){}
    }
```

运行结果如图 3-4 所示。

注意，Displayable 是抽象类，不能直接产生它的实例，而只能产生它的子类实例，因此本例中的方法都是通过 Displayable 子类的实例完成调用的。例如，本例中的 TextBox 类就是 Displayable 的一个子类，TextBox 类对象 textBox 调用了 Displayable 类的 getHeight、getWidth、setTitle 和 setTicker 方法。另外，在本例中，Ticker 是运行在 TextBox 类上面的一个滚动条，它直接继承自 Displayable 类，同其他控件（如 TextBox）是并列关系。但设置滚动条时，需要使用控件的 setTicker 方法进行设置，如 textBox.setTicker（myTicker）。

图 3-4　例 3-2 图

3.4　Command 类和 CommandListener 接口

命令 Command 是实现用户和设备交互的重要工具。在手机上，命令一般以列表的形式放在手机屏幕的菜单按钮区域中。在 MIDP 程序中被抽象为 javax.microedition.lcdui.Command 类对象。

3.4.1　Command 类

Command 类产生的实例表示一个命令的控件，该控件用于提供给用户执行某个特定命令的处理接口，完成用户与程序的交互。Command 类是用于高层界面交互的类。

Command 类构造方法定义如下：

```
public Command(String label, int commandType, int priority)
```

Command 类的构造方法需要三个参数：label 表示命令按钮上显示的标签；commandType 表示命令按钮的类型；priority 表示命令按钮的优先级，数值越小表示优先级越高。命令按钮的类型和优先级共同影响某一命令按钮在按钮区出现的位置和顺序。构造方法的返回值表示构造完毕的 Command 类实例。定义一个 Command 类实例的语句格式如下：

```
Command exit=new Command("退出",Command.EXIT,1)
```

其中，第一个参数"退出"表示该命令在屏幕中所显示的标签；第二个参数 Command.EXIT 表示命令的类型，有关命令类型及其说明见表 3-2；第三个参数 1 定义了命令按钮的优先级，JAM 根据优先级的高低来处理命令之间的冲突。

表 3-2　commandType 的可取值

类 型 名 称	常 量 值	描　　　述
SCREEN	1	一般用于整个屏幕或者屏幕之间的切换，相对于 ITEM 类型（只是屏幕的一部分切换）
BACK	2	用于返回前一个屏幕，不过这个返回过程不是由命令自动完成的，需要开发人员定义程序的实际行为
CANCEL	3	用于对当前屏幕对话框内容的否定回答，一般表示取消某操作，返回前一个屏幕
OK	4	用于对当前屏幕对话框内容的肯定回答，该命令执行后会进入到下一个屏幕
HELP	5	该命令指定一个在线帮助的请求，用于展示一些帮助信息
STOP	6	用于停止正在运行的进程操作。同样，停止行为需要开发人员定义
EXIT	7	用于退出应用程序，释放资源。
ITEM	8	该命令是屏幕的一个条目或者 Choice 组件的一个元素（如 List），可以使用该类命令实现内容敏感的菜单

一旦对 Command 类的实例构造完成，就不能再对标题、类型和优先级进行任何修改，但允许获得一个已经存在的 Command 类实例的标题、类型和优先级，它们分别使用方法：getLabel()、getCommandType()和 getPriority()。

3.4.2　CommandListener 接口

当一个用户选中一个菜单命令时，程序与用户的交互是通过命令触发监听器来实现的，这需要 Screen 子类的实例实现 CommandListener 接口。

该接口中只定义了一个方法来响应用户命令的处理过程：

```
public void commandAction (Command c, Displayable d)
```

其中，参数 c 是当前用户选中的菜单命令按钮，参数 d 是包含菜单命令的 Displayable 类对象。

一般，使用命令监听接口实现程序与用户交互的编程步骤如下。

（1）先定义一系列的命令（Command 类的实例）。

（2）添加 Command 类的实例到 Displayable 类的对象中，如 Form、Alert、List、TextBox 等。

（3）调用 Displayable 类的 setCommandListener 方法，将接口应用于指定的对象，如 textBox.setCommandListener(ListenerName)。

（4）将需要响应用户命令的类声明为实现 CommandListener 的接口，最后编写该接口中的 commandAction 方法处理这些用户命令。

例 3-3　CommandListener 接口的使用方法。

程序名：TestCommandListener.java

```
import javax.microedition.midlet.*;
import javax.microedition.lcdui.*;
public class TestCommandListener extends MIDlet implements CommandListener{
    private Display display;
    private TextBox textBox;
    private Command openCommand;
    private Command editCommand;
```

```java
        private Command saveCommand;
        private Command undoCommand;
        private Command exitCommand;
        public TestCommandListener(){
            display=Display.getDisplay(this);
            textBox=new TextBox("CommandListener 接口",
                                "测试 CommandListener 接口",50,0);
            openCommand=new Command("打开",Command.SCREEN,1);
            editCommand=new Command("编辑",Command.SCREEN,1);
            saveCommand=new Command("保存",Command.SCREEN,1);
            undoCommand=new Command("撤销",Command.SCREEN,1);
            exitCommand=new Command("退出",Command.SCREEN,1);
            textBox.addCommand(openCommand);
            textBox.addCommand(editCommand);
            textBox.addCommand(saveCommand);
            textBox.addCommand(undoCommand);
            textBox.addCommand(exitCommand);
        }
        public void startApp(){
            textBox.setCommandListener(this);
            display.setCurrent(textBox);
        }
        public void pauseApp(){}
        public void destroyApp(boolean uncondition){}
        public void commandAction(Command c, Displayable s){
            if(c==openCommand){
                textBox.setString("打开命令被执行");
            }
            if(c==editCommand){
                textBox.setString("编辑命令被执行");
            }
            if(c==saveCommand){
                textBox.setString("保存命令被执行");
            }
            if(c==undoCommand){
                textBox.setString("撤销命令被执行");
            }
            if(c==exitCommand){
                textBox.setString("退出命令被执行");
                destroyApp(false);
                notifyDestroyed();
            }
        }
    }
}
```

运行结果如图 3-5 所示。

在本例中使用 Command 类的构造方法建立若干个命令，使用 addCommand 方法添加到屏幕上，也可以将代码写成：

```
textbox.addCommand(new Command("打开",Command.SCREEN,1))
```

图 3-5　例 3-3 图

按下右键"打开"菜单，显示添加到屏幕上的命令。按上、下键可以选择不同的命令，按选中键可以激活命令。

这里为每一个命令定义一个对应的操作，建立命令监听器，监听用户的命令。

当用户按下"编辑"命令按钮后，监听器自动运行 commandAction 方法，方法的参数是 Command 类型和 Displayable 类型的变量，分别表示用户激活的 Command 类实例及激活时当前的 Displayable 实例。于是根据不同的用户命令执行不同的代码，本例打印（输出）相应的字符串，在执行"编辑"命令后，屏幕输出"编辑命令被执行"的字符串。

前面的 CommandListener 是以接口的方式实现的，它也可以使用内部类的方式来实现，使用语句：

```
CommandListener ListenerName=new CommandListener(){}
```

建立接口类实例，然后在{}中定义 commandAction 方法，用于命令响应处理。

习题 3

1. 在图形用户界面的架构中，如何加载 MIDlet 的用户界面？

2. LCDUI 中的界面类可以分成几种类型？各有什么优缺点？

3. 怎样获取一个 Display 类的实例？

4. Displayable 类的主要功能是什么？它包含哪些直接子类？为什么开发人员不能直接使用它的对象？

5. 举例说明如何构造 Command 类对象。

6. 一般，使用命令监听接口实现程序与用户交互的编程步骤有哪些？

7. 下列判断语句正确的是（　　）。

A）Display 类用于在手机屏幕上显示的图形界面

B）Display 对象调用 setCurrent( )方法显示图形用户界面

C）Display 类是屏幕的管理类

D）用户与程序的交互主要通过 Display 类对象完成

8. 填空

（1）Displayable 的直接子类有_____和_____。

（2）CommandListener 接口中唯一要实现的方法是_____。

（3）向 Displayable 对象注册监听器的方法是_____。

第 4 章　高级用户界面设计

本章简介：本章主要讲述高级用户界面 Screen 类及其子类 TextBox、List、Alert 和 Form 的使用方法，包括创建、接收用户输入、状态改变事件响应等细节。

高级用户界面主要用于编写商务应用程序，因此，程序跨平台的可移植性非常重要。为了获取这种可移植性，高级用户界面进行了高层次的抽象，主要特点如下：

- 在高度抽象水平上封装了一些基本界面控件类，如 Alert、List、TextBox 和 Form 等，在使用这种控件类时，开发人员无须关心各种界面控件的颜色、字体和外观等；
- 屏幕切换、滚动条以及其他一些交互操作被封装到控件中，应用程序本身无须控制；
- 应用程序无法捕获具体的输入事件细节。

4.1　高级用户界面——Screen 类

Screen 类定义了高级用户界面公用的变量和方法。它派生了 4 种高级用户界面直接子类：TextBox、List、Alert 和 Form。前三种类不能继续派生，即不能再向类中添加其他组件；Form 类是容器类，需要放置 Item 类组件来实现其功能。

4.1.1　Screen 类概述

Screen 类是高级用户界面类的抽象父类，它本身并没有界面显示和用户交互的功能，也没有定义相关方法，它只是起到组织高级用户界面类的作用。Screen 类继承自 Displayable 类，因此它可以直接继承 addCommand 等方法，也可以设置命令监听器 setCommandListener。

Screen 类有 4 个直接派生的子类：Alert 类、List 类、TextBox 类和 Form 类。

Alert 类用于显示一个包含指定消息的对话框，是一个提示信息的文本框，用户可以预定义文本信息但不能编辑。

List 类是列表控件，用于在屏幕上显示一系列选项，提供单项或多项选择。

TextBox 类是编辑文本的控件，用于在屏幕上显示多行文本，允许用户输入字符串并及时回显。

Form 类是一个控件容器，它可以容纳其他组件。这里的组件主要指 Item 类组件，常用的有：

- TextField　用户编辑文本的组件；
- DateField　用户编辑日期的组件；
- StringItem　显示字符串的组件；
- Gauge　显示过程进度的组件；
- ChoiceGroup　提供选择功能的组件；
- ImageItem　显示图像的组件；
- CustomItem　用户自定义的 Item 组件。

Form 类和 Item 类可以分别实现 ItemStateListener 和 ItemCommandListener 接口，用于监听组件状态的变化和命令。

注意：在 MIDP2.0（编号是 JSR118）规范中，将原来派生自 Screen 类的 Ticker 类移到了与 Screen 类并列的位置，相应的方法也移动到了 Displayable 类中，因此 Ticker 类并不是 Screen 类的子类。

4.1.2　文本框——TextBox 类

TextBox 类实例是一个可以包含多行文本的编辑框，接收用户的输入。它直接继承自 Screen 类。

构造方法，创建一个 TextBox 实例：

```
public TextBox(String title,String initText,
                int maxLength,int constrains)
```

其中，参数 title 表示文本框标题，参数 initText 表示文本框初始内容，参数 maxLength 表示文本框允许输入的最大长度，参数 constrains 表示输入限制。这些参数可以在构造时指定，也可以在构造完成后指定。

下面分别从几个方面介绍 TextBox 类的使用。

（1）文本最大长度

文本最大长度是指创建的文本框所能输入的最大字符数，这一概念要与"能够显示的最大字符数"相区分。文本的显示字符数与屏幕的参数和设置有关，而文本最大长度是由程序自己指定的。

方法如下：

```
public int getMaxSize()
```

功能：获得文本框输入的最大字符数。

```
public void setMaxSize(int maxSize)
```

功能：设置文本框输入的最大字符数，取值范围在 0~300000 之间。

（2）文本框的基本操作

设置文本框内容的方法，定义如下：

```
public void setString(String text)
```

获得文本框中显示的内容的方法，定义如下：

```
public String getString()
```

实现插入、删除和替换操作的方法，定义如下：

```
public void insert(String src,int position)
```

功能：将字符串 src 插入到 position 之前。

```
public void insert(Char[] data,int offset,int length,int position)
```

功能：将字符数组 data 插入到 position 之前，从字符数组的 offset 位置开始，插入长度为 length。

```
public void delete(int offset,int length)
```

功能：从 offset 位置开始删除，删除长度为 length。

```
public void setChars(char[] data,int offset,int length)
```

功能：将字符数组 data 设置为文本框的内容，从字符数组的 offset 位置开始，长为 length。

（3）MIDP2.0 新增的方法

添加滚动条 Ticker 的方法，定义如下：

```
public void setTicker(Ticker ticker)
```

设置文本框标题的方法，定义如下：

```
public void setTitle(String str)
```

（4）文本限制

所谓文本限制，是指对用户向 TextBox 控件输入的内容进行限制，例如，只允许用户输入数字、只允许输入字母等。在 MIDP 规范中，定义了两种类型限制：输入限制和系统限制。

① 输入限制

输入限制是 TextBox 控件所能接受的字符集合和格式，包括以下 6 种类型：

- TextField.ANY   只允许用户输入字符和数字；
- TextField.NUMERIC   只允许用户输入数字；
- TextField.EMAILADDR   只允许用户输入邮件地址；
- TextField.PHONENUMBER   只允许用户输入电话号码；
- TextField.URL   只允许用户输入 URL 地址；
- TextField.DECIMAL   只允许用户输入数值。

② 系统限制

与输入限制不同，系统限制是对 TextBox 控件的状态、显示的限制，而不关心用户输入的内容，它包括以下 6 种类型：

- TextField.PASSWORD   以星号显示用户输入的每一个字符；
- TextField.UNEDITABLE   设置当前的 TextBox 控件为不可编辑的状态；
- TextField.SENSITIVE   输入的内容敏感，禁止 TextBox 控件使用自动完成功能存储信息；
- TextField.NON_PREDICTIVE   禁用输入法中对词组的预测功能；
- TextField.INITIAL_CAPS_WORD   设置输入时在每个空格之后切换到大写输入，随后切换到小写输入；
- TextField.INITIAL_CAPS_SENTENCE   设置输入时在每个句子的开头切换到大写输入，随后切换到小写输入。

这些限制有些可以同时使用，前提是，同时使用的限制不能互相矛盾。同时使用的限制中间用"|"分隔。

本书配套教学资源包（见前言说明）中提供了使用文本输入限制的演示程序。在程序中建立了一个单选类型的 List 控件，用于显示 6 种输入限制，并将这 6 种限制的名称存储在字符串数组 constraintsName 中，将对应的限制类型存储在 constraintsType 数组中。在初始化过程中，建立两个按钮 inputCommand 和 exitCommand，建立一个 TextBox 控件用于接收用户的输入，最后建立 List 控件，将 6 种限制以单选项的形式显示在屏幕上。MIDlet 程序名为：TestTextBoxConstraints.java，读者可以参考。

（5）文本内容

getString( )方法和 getChars( )方法都可以获得当前 TextBox 控件中的文本内容，前者返回的是一个 String 类对象，而后者将文本内容组织成字符数组。注意，字符数组的长度要超过文本内容的长度，以避免出现 ArrayOutOfBoundsException 异常。

与 get 方法其相对应，setString( )方法和 setChars( )方法可以设置当前 TextBox 控件中的内容。

同时，insert 方法提供了向当前文本中插入指定字符串的功能。

例 4-1　演示如何获得和设置 TextBox 控件中的文本内容。本例在 TextBox 控件中添加了三个命令，分别用于输入文本、清除用户的输入和退出程序。程序启动时，TextBox 控件显示在整个屏幕上，用户可以自由输入文本，如图 4-1 所示。选择 Menu 菜单中的"输入文本"命令，此时，命令监听器将执行对应的 commandAction 方法，使用 getSring 方法获得当前 TextBox 控件中的内容，再调用 insert 方法，在 size( )处插入指定文本。因为 size 方法返回的是整个 TextBox 控件的文本长度，所以 textBox.insert("string",textbox.size( ))等价于将 string 插入到当前文本的最后，也就是将"您好，欢迎进入 TextBox！"文本内容添加到用户输入文本的后面。最后选择菜单中的"清除输入"命令，则命令监听器执行 setString("")方法，重新对 TextBox 控件的内容进行设置。由于参数是""，也就是将内容设置为""，相当于清除 TextBox 控件中的内容。

图 4-1　例 4-1 图

程序名：TextBoxEdit.java

```java
import javax.microedition.midlet.*;
import javax.microedition.lcdui.*;
public class TextBoxEdit extends MIDlet implements CommandListener{
    private Display display;
    private Command exitCommand;
    private Command inputCommand;
    private Command clearCommand;
    private TextBox textBox;
    public TextBoxEdit(){
        display=Display.getDisplay(this);
        exitCommand=new Command("退出",Command.SCREEN,1);
        inputCommand=new Command("输入文本",Command.SCREEN,1);
        clearCommand=new Command("清除输入",Command.SCREEN,1);
        textBox=new TextBox("请输入您的姓名","",200,TextField.ANY);
        textBox.addCommand(inputCommand);
        textBox.addCommand(clearCommand);
        textBox.addCommand(exitCommand);
        textBox.setCommandListener(this);
    }
    public void startApp(){
        display.setCurrent(textBox);
    }
    public void pauseApp(){}
    public void destroyApp(boolean uncondition){}
    public void commandAction(Command c,Displayable d){
        if(c==inputCommand){
```

```
            textBox.insert("您好，欢迎进入 TextBox! ",textBox.size());
        }
        else if(c==clearCommand){
            textBox.setString("");
        }
        else if(c==exitCommand){
            destroyApp(false);
            notifyDestroyed();
        }
    }
}
```

4.1.3 信息窗口——Alert 类

Alert 类的实例可以在屏幕上显示一个指定内容的对话框，通常用于显示表示警告含义的信息。当显示 Alert 类实例时，它会自动获得焦点，原有屏幕则失去焦点。当用户按下任意键或者等待一段时间后，警告框被解除，恢复原有的屏幕内容。

下面讨论 Alert 类的使用。

（1）Alert 类的构造方法

Alert 类有两个构造方法，分别定义如下：

```
    public  Alert(String s)
```

其中，参数 s 指定警告框的标题。

```
    public Alert(String t,String s,Image img,AlertType typename)
```

其中，参数 t 指定警告框的标题，参数 s 指定警告的内容，参数 img 指定警告框使用的图标，参数 typename 表示警告框的类型。警告框的类型见表 4-1。

表 4-1　警告框的类型

类 型 名 称	含 义 说 明
AlertType.ALARM	显示有警告信息的警告框
AlertType.CONFORMATION	提示用户对某个操作进行确认
AlertType.ERROR	向用户警告一个错误信息
AlertType.INF	提供一般性信息
AlertType.WARNING	警告用户一个危险动作可能被执行

在构造警告框时，也可以不指定构造方法的所有参数，如：

```
    Alert(null,null,null,null);
```

表示构造一个空白的警告框。另外，警告框不能接收任何用户的输入，但可以添加 Command 类对象。

注意：在 MIDP1.0 规范中，Alert 类不允许添加 Command 类的实例。在 MIDP2.0 规范中，允许添加 Command 类，也可以设置监听器接口。

（2）显示

前面提到高级用户界面控件的显示是通过调用 display.setCurrent 方法实现的，定义如下：

```
Display.setCurrent(alert,display.getCurrent());
```

其中，参数 alert 是 Alert 类型参数的实例；第二个参数表示在警告框解除后，屏幕中的内容自动设置为 display.getCurrent()。

（3）设置超时

一般，警告框显示一段时间后自动解除，这个解除时间可以使用 getTimeout 方法获得，也可以使用 setTimeout 方法设置，参数的单位是毫秒。我们把这种 Alert 称为"时控的"。

也可以使用 Alert.FORVER 参数，它表示警告框将永远存在下去，直到用户按下任意键，解除这个警告框。我们把这种 Alert 称为"模式的"。

（4）添加图标

使用 public void setImage(Image image)方法可以给警告框添加一个图标，图标文件必须是 PNG 格式的。在添加图像前，有必要检查一下图像的最佳宽度和高度，从而使图像显示为最佳尺寸。方法为：

```
Display.getBestImageHeight(Display.ALERT);
Display.getBestImageWidth(Display.ALERT);
```

image 类的对象可由静态方法 createImage(String uri)创建，如：

```
image Image.createImage("/image/welcom.png");
```

（5）播放声音

每个类型的 Alert 都有自己的语音提示，可以将系统定义的语音提示转移到自己的应用程序中，即无须显示警告框而产生提示声音，代码如下：

```
AlertType.ERROR.playSound(display);
```

上述语句发出 ERROR 的提示语音，参数 display 指定产生语音的界面。

例4-2 Alert 类的使用方法。首先调用构造方法建立 Alert 类实例，在初始页面中显示 TextBox 实例，其中添加了两个命令"警告"和"退出"。当用户打开菜单并触发（选择）"警告"命令时，显示警告框。警告框被设置为当前屏幕。

程序名：AlertMIDlet.java

```
import javax.microedition.midlet.*;
import javax.microedition.lcdui.*;
public class AlertMIDlet extends MIDlet implements CommandListener{
    private Display display;
    private Alert alert;
    private TextBox textBox;
    private Command alertCommand;
    private Command exitCommand;
    public AlertMIDlet(){
        display=Display.getDisplay(this);
        textBox=new TextBox("Alert","测试警告框",50,TextField.ANY);
        alertCommand=new Command("警告",Command.SCREEN,1);
        exitCommand=new Command("退出",Command.SCREEN,1);
        textBox.addCommand(alertCommand);
        textBox.addCommand(exitCommand);
        alert=new Alert("警告框标题","警告框内容",null,AlertType.INFO);
```

```
        alert.setTimeout(Alert.FOREVER);
    }
    public void startApp(){
        textBox.setCommandListener(this);
        display.setCurrent(textBox);
    }
    public void pauseApp(){
    }
    public void destroyApp(boolean uncondition){
    }
    public void commandAction(Command c,Displayable s){
        if(c==alertCommand){
          display.setCurrent(alert,display.getCurrent());
        }
        if(c==exitCommand){
            textBox.setString("退出命令被执行");
            destroyApp(false);
            notifyDestroyed();
        }
    }
}
```

运行结果如图 4-2 所示。警告框的标题和内容显示在屏幕上，因为设置 Alert 的类型是 AlertType.FOREVER，所以直到用户响应后，警告框才被释放。

4.2　选择实现——Choice 接口

接下来应该介绍选择列表控件 List 类，但由于它是一个实现了 Choice 接口的类，因此我们先介绍 Choice 接口。

Choice 接口用于实现从预先定义的若干个选项中做出选择的方法，这里的选项可以是文本字符串，也可以是图形图像。实现了 Choice 接口的高级用户界面类包括 List 类和 Item 类的 ChoiceGroup 子类，下面分几个方面说明 Choice 接口的使用。

图 4-2　Alert 警告框

4.2.1　构造方法

构造实例只能使用 List 和 ChoiceGroup 的构造方法，创建使用接口各种方法的实例。每一个选项都包含文本和图像内容，其中图像是可选的。如果为选项设置了图像，那么文本与图像被作为整个选项的内容，不可分割。

所有选项的长度尺寸都是相同的，如果图像的内容超过了显示的能力限制，那么该图像将不会被显示；如果整个选项的内容超过了显示的长度限制，则选项将被分行显示。

和构造方法相关的方法介绍如下。

（1）关于布局策略的方法

```
public int getFitPolicy()
```

功能：获得选项的布局策略。

```
public void setFitPolicy(int)
```

功能：设置选项的布局策略。其中，参数 int 是 MIDP 2.0 版引入的布局策略，有 3 个可选常数：

- Choice.TEXT_WRAP_ON　超出限制的部分换到下一行显示；
- Choice.TEXT_WRAP_OFF　超出限制的部分被忽略；
- Choice.TEXT_WRAP_DEFAULT　默认策略，同 Choice.TEXT_WRAP_ON 策略。

（2）关于选项的个数的方法

```
public int size()
```

功能：获得所有选项的个数。

4.2.2　编辑 Choice 对象

在构造 Choice 对象后，可以添加、编辑和删除选项，也可以获得选项的内容和状态。这里的添加包含插入指定位置和追加到末尾选项后两种含义。

在 Choice 的对象中，每个选项都有一个唯一的编号，一般称为索引值。第一个选项的索引值为 0，依次类推。在获得和编辑选项内容与状态时，都可以指定选项的索引值，单独对指定选项进行操作。

编辑 Choice 对象的方法：

```
public int append (String stringPart,Image  imagePart)
```

功能：添加一个选项到实现 Choice 接口对象的最后，第一个参数指定选项的文本内容，第二个参数指定选项的图像内容。

```
public void insert(int,String,Image)
```

功能：在第一个参数指定的选项前插入一个新的选项。第一个参数指定选项编号，第二个参数指定新选项的文本内容，第三个参数指定图像内容。

```
public void set(int,String,Image)
```

功能：设置某个选项的文本和图像内容。第一个参数指定选项编号，第二个参数指定文本内容，第三个参数指定图像内容。

```
public void delete(int elementNum)
```

功能：删除指定的选项。参数 elemen Num 指定要删除选项的编号。

```
public void deleteAll()
```

功能：删除所有的选项。

4.2.3　Choice 对象的选项类型

Choice 对象的选项类型有以下三种。

EXCLUSIVE：用户在所有选项中只能选中一项，且必须选中一项，这类似于传统控件的单选项。当用户选择选项中的一项时，自动取消先前的选择。选中选项的切换不会触发任何事件。

在任何时刻，这种类型的 Choice 对象都有一个被选中的选项。如果程序删除了被选中的那个选项，则系统会自动指定另一个选项被选中。

MULTIPE：用户可以在所有选项中选中零项或多项，这类似于传统控件的复选框。任何选项的选中与取消选中都不会触发事件。

IMPLICIT：这种类型专用于 List 类的实例，它只能被选中一项，且必须选中一项。当选中的选项切换时，会触发相应的事件。

和选项相关的方法：

```
public boolean isSelected(int i)
```
功能：获得指定选项的选择状态，参数 i 指定选项编号。

```
public Int getSelectedFlags(boolean[] selectedArray_return);
```
功能：用于多项选择，获得所有选项的选择标记，并将结果保存到 selectedArray_return 数组中。若某选项被选中，则数组中对应编号的取值为 true。注意，数组长度必须小于 size( )，否则多余的数组元素将被设置为 false 值。

```
public void setSelectedFlags(boolean[])
```
功能：设置多项选择的选中标记。数组中的 true 值表示该选项为选中状态，false 值表示该选项为未选中状态。

```
public void setSelectedIndex(int,boolean)
```
功能：设置某个单选项的选中状态。第一个参数指定选项的编号；第二个参数为 true 表示该选项为选中状态，为 false 表示该选项为未选中状态。

4.3 选择列表——List 类

List 类是实现了 Choice 接口的类，在屏幕上显示一系列选项，用户可以选择其中的一项或多项。它的大多数方法都和 Choice 接口相同。

下面介绍 List 特有的一些方法。

4.3.1 构造方法

有两个构造方法：

```
public List(String,int)
```
功能：生成一个空的列表。其中，第一个参数指定标题，第二个参数指定列表类型。

```
public List(String,int,String[],Image[])
```
功能：生成一个具有选项的列表。其中，第一个参数指定标题，第二个参数指定列表类型，第三个参数表示各选项的文本内容，第四个参数表示各选项的图像内容。

```
public void setSelectedCommand(Command)
```
功能：用于 IMPLICIT 类型的列表，设置被选中的命令按钮。

```
public void removeCommand(Command)
```
功能：删除列表的指定命令。

4.3.2 列表选项的编辑

List 类实例的选项结构可以通过构造方法来完成，也可以通过 Choice 接口声明的各种方法实现 List 列表选项的添加、编辑和删除操作。

例 4-3　List 列表对象利用 Choice 接口声明方法编辑选项实例。在程序中，通过字节数组获得多选项的内容，将列表中所有选中的选项集中到一个字符串中，最后通过警示框，将字符串显示到屏幕上。

程序名：ListCheckBox.java

```java
import javax.microedition.midlet.*;
import javax.microedition.lcdui.*;
public class ListCheckBox extends MIDlet implements CommandListener{
  private Display display;
  private Command exit;
  private Command submit;
  private List list;
  public ListCheckBox(){
    display=Display.getDisplay(this);
    list=new List("您获取信息的途径是",List.MULTIPLE);
    list.append("电视",null);
    list.append("报纸",null);
    list.append("网络",null);
    list.append("广播",null);
    exit=new Command("Exit",Command.EXIT,1);
    submit=new Command("Submit",Command.SCREEN,2);
    list.addCommand(exit);
    list.addCommand(submit);
    list.setCommandListener(this);
  }
  public void startApp(){
    display.setCurrent(list);
  }
  public void pauseApp(){}
  public void destroyApp(boolean unconditional){}
  public void commandAction(Command command,Displayable Displayable){
    if (command==submit){
        boolean choice[]=new boolean[list.size()];
        StringBuffer message=new StringBuffer();
        list.getSelectedFlags(choice);
        for (int x=0;x<choice.length;x++){
          if (choice[x]){
              message.append(list.getString(x));
              message.append("   ");
          }
        }
        Alert alert=new Alert("拟提交的选项是: ",message.toString(),
```

```
                            null,null);
        alert.setTimeout(Alert.FOREVER);
        alert.setType(AlertType.INFO);
        display.setCurrent(alert);
        list.removeCommand(submit);
    }
    else if (command==exit){
        destroyApp(false);
        notifyDestroyed();
    }
}
}
```

初始列表如图 4-3 所示，选项结果如图 4-4 所示。

图 4-3 初始列表

图 4-4 选项结果

4.3.3 列表选项的类型

List 类实例也具有三种类型，含义与 Choice 接口的相同。但对于 ECLUSIVE 类型和 MILTIPLE 类型，如果要进行程序与用户交互，必须注册一个 Command 类实例，并与一个命令监听器相关联。IMPLICIT 类型的 List 自身包含一个 Command 类实例，称为 SELECTED_COMMAND，因此，无须建立新的 Command 类实例，只需要建立其与命令监听器的关联，并在命令监听器接口的 commandAction 方法中捕获这个事件，并做出相应处理，典型代码如下：

```
public void commandAction (Command c,Displayable s){
    if (c==SELECTED_COMMAND){
        //添加处理代码
    }
}
```

一般来说，对于单选项，使用 getSelectedIndex( )方法获得选中选项的索引号；对于复选框，使用 getSelectedFlags( )方法获得各选项的选择状态，而这时如果使用 getSelectedIndex( )方法，将返回-1。

例 4-4 演示 List 类的使用方法。首先调用构造函数建立三种类型的 List 类实例，分别表示单选列表、显示列表和多选列表。一开始使用的是 IMPLICIT 类型，当用户从三种类型的 List 中选择一种时，命令监听器将执行 commandAction()方法，会自动监听到 List.SELECT_COMMAND 类型命令，并采取相应动作。在本例中，根据用户命令设置不同类型的 List 为当前屏幕。

程序名：TestList.java

```java
import javax.microedition.midlet.*;
import javax.microedition.lcdui.*;
public class TestList extends MIDlet implements CommandListener{
    private Display display;
    private Command backCommand;
    private Command exitCommand;
    private List menuList;
    private List exclusiveList;
    private List multipleList;
    public TestList(){
        display=Display.getDisplay(this);
        backCommand=new Command("后退",Command.SCREEN,1);
        exitCommand=new Command("退出",Command.SCREEN,1);
        String[] listType ={
            "单选列表",
            "显式列表",
            "多选列表"
        };
        menuList=new List("选择列表类型",Choice.IMPLICIT,listType,null);
        menuList.addCommand(exitCommand);
        menuList.setCommandListener(this);
        String[] exclusiveListContent ={
            "单选项1",
            "单选项2",
            "单选项3",
            "单选项4",
            "单选项5",
            "单选项6"
        };
        exclusiveList=new List("单选列表",Choice.EXCLUSIVE,
                        exclusiveListContent,null);
        exclusiveList.addCommand(backCommand);
        exclusiveList.addCommand(exitCommand);
        exclusiveList.setCommandListener(this);
        String[] multipleListContent ={
            "复选项1",
            "复选项2",
            "复选项3",
```

```
            "复选项4",
            "复选项5",
            "复选项6"
        };
        multipleList=new List("复选列表",Choice.MULTIPLE,
                        multipleListContent,null);
        multipleList.addCommand(backCommand);
        multipleList.addCommand(exitCommand);
        multipleList.setCommandListener(this);
    }
    public void startApp(){
        display.setCurrent(menuList);
    }
    public void pauseApp(){}
    public void destroyApp(boolean uncondition){}
    public void commandAction(Command c,Displayable d){
        if(d.equals(menuList)){
            if(c==List.SELECT_COMMAND){
                switch(((List)d).getSelectedIndex()){
                    case 0:
                        display.setCurrent(exclusiveList);
                        break;
                    case 1:
                        display.setCurrent(multipleList);
                        break;
                }
            }
        }
        else if(c==backCommand){
            display.setCurrent(menuList);
        }
        else if(c==exitCommand){
            destroyApp(false);
            notifyDestroyed();
        }
    }
}
```

List 列表框演示结果如图 4-5 所示。

4.4 容器控件——Form 类

图 4-5　List 列表框

前面介绍了 Screen 类及其 Alert、List、TextBox 子类的使用方法，本节将重点讲解 Form 类及其组件的使用。

4.4.1　Form 类概述

Form 类是一个典型的容器控件类,用于包含其他高级用户界面组件,一般不单独出现在屏幕上。Item 类是可以包含于 Form 容器中的组件类。在很多情况下,屏幕界面由一个 Form 类的实例和其中的各种 Item 类实例共同组成。MIDP 应用程序可以实现整个 Form 的外观,包括布局、元素组件焦点的切换和滚动条。

在布局方面,Form 类是按列进行组织的,每一类都具有相同的宽度;没有水平方向上的滚动条,在竖直方向上,Form 的高度与其中 Item 的个数和高度有关。

Form 类的主要方法介绍如下。

1. 构造方法

Form 类有两个构造方法,可以仅指定 Form 类的标题,调用如下构造方法:

```
public Form(String)
```

功能:根据参数指定的标题构造一个 Form 类的实例,也可以指定初始时 Form 类中包含的 Item 控件。指定初始 Item 控件时,调用如下构造方法:

```
public Form(String caption,Item[] itemList)
```

其中,参数 caption 指定 Form 类的标题,itemList 指定存放多个初始控件的数组。

2. 添加、插入、设置和删除 Item 控件

在构造的时候,可以初始化 Form 控件,一旦创建完毕,可以使用 append、delete 和 insert 方法来追加、删除和插入 Item 控件。

和 List 控件类似,在 Form 控件中,每一个 Item 控件都有一个唯一的索引号标识它,索引号从 0 开始。在进行插入和删除操作时,需要指定索引号。如果索引号错误,将会产生 IndexOutofBoundException 异常。

追加组件的方法:

```
public int Append(Item)
```

功能:为当前 Form 控件增加一个 Item 控件,参数可以是任意 Item 类的对象。

删除控件的方法如下:

```
public void Delete(int)
```

功能:删除 Form 控件中指定索引号的 Item 控件,参数 int 指定索引号。

```
public Void DeleteAll()
```

功能:删除当前 Form 控件中所有的 Item 控件。

```
public void insert(int,Item)
```

功能:在第一个参数指定索引号的 Item 控件前插入一个由第二个参数指定的 Item 控件。

```
public Void Set(int,Item);
```

功能:更改第一个参数指定索引号的 Item 控件为第二个参数指定的 Item 控件。

3. 添加 Command 类实例

Form 可以添加 Command 类实例,也可以设置命令监听器,用于程序和用户之间的交互。

添加 Command 类实例的方法为：

```
addCommand
```

设置命令监听器的方法为：

```
void setCommandListener(CommandListener l)
```

功能：为当前 Form 控件设置命令监听器 commandListener，其中参数 l 是实现监听器接口的实例。

4. Item 控件状态监听器——ItemStateListener 接口类

当 Form 控件中某个 Item 控件的状态发生变化时，可能会引起某些操作。可以在 Form 控件中设置 Item 控件状态监听器，即使用方法：

```
void setCommandListener(ItemStateListener l)
```

功能：为 Form 控件设置监听器，参数 l 是实现 itemStateChanged(Item item)方法的类对象。在 Item 控件状态发生变化，或者执行 notifyStateChange( )方法后，控件会发出一个状态改变的消息，位于 Form 控件中的 Item 控件状态监听器会捕捉到这个消息，而自动激活。可以在 itemStateChanged(Item item)方法中添加需要执行的代码，其中，参数 item 是发出状态改变消息的 Item 类实例。

5. 关于 Form 控件的其他方法

```
public item Get (int i)
```

功能：获取 Form 控件中指定索引号 i 的 Item 控件。参数 i 指定索引号。

```
public Int Size ()
```

功能：获取当前 Form 控件中的 Item 控件数。

4.4.2　组件——Item 类

Item 类的子类是包含在 Form 控件中的组件元素，它包含 8 个直接的子类：ChoiceGroup 选择组组件、CustomItem 自定义组件、DateField 日期域组件、Gauge 进度条组件、ImageItem 图像组件、Spacer 占位组件、StringItem 字符串组件和 TextField 文本域组件。这些 Item 组件都具有如下 6 种共有的属性。

1. 标题

所有的 Item 类对象都有一个标题，使用方法如下：

```
String getLabel()
```

功能：获得当前 Item 控件的标题。

```
void setLabel (String str)
```

功能：设置当前 Item 控件的标题为参数指定的字符串。

MIDP 会自动调整 Item 对象及其标题的显示位置，保证它们具有明显的相关性。

2. 布局

Form 控件中可以包含多个 Item 控件，它们的类型也很可能不同，为此，MIDP 为 Item 控件提供了以下方法：

```
public int getLayout()
```

功能：获得当前 Item 控件的布局。

```
public void setLayout(int layout)
```

功能：安排这些 Item 控件的相互位置。参数 layout 以静态常量作为布局选项。

布局选项说明如下：

- LAYOUT_DEFAULT 默认布局；
- LAYOUT_LEFT 水平方向左对齐 ；
- LAYOUT_RIGHT 水平方向右对齐；
- LAYOUT_CENTER 水平方向居中；
- LAYOUT_TOP 竖直方向上对齐；
- LAYOUT_BOTTOM ：竖直方向下对齐；
- LAYOUT_VCENTER 竖直方向居中；
- LAYOUT_NEWLINE_BEFORE 置于新行或者新列前；
- LAYOUT_NEWLINE_AFTER 置于新行或新列后；
- LAYOUT_SHRINK 在水平方向上缩小以适应屏幕；
- LAYOUT_VSHRINK 在竖直方向上缩小以适应屏幕；
- LAYOUT_EXPAND 在水平方向上扩展以适应屏幕；
- LAYOUT_VEXPAND 在竖直方向上扩展以适应屏幕；
- LAYOUT_2 使 MIDP1.0 的布局适应 MIDP2.0 的布局。

水平方向的布局可以与竖直方向的布局结合使用，中间用"|"分隔，但是，水平方向或竖直方向的布局内部不能结合使用。

3．Item 类对象状态的改变及监听器

前面提到，设置了 Item 控件状态监听器的 Form 控件会获得 Item 控件状态发生变化的消息。在下述情况下，会发出状态变化的消息：ChoiceGroup 中的选择状态发生变化，Gauge 中进度条的值发生变化，TextField 中的内容发生变化，DateField 中的日期发生变化。

调用方法：

```
public void notifyStateChanged()
```

功能：通知 Form 控件当前 Item 控件状态发生变化。

当用户对屏幕上某个 Item 控件的内容发生上述变化时，将触发屏幕交互事件，这一点类似于 Command 类。也需要为 Form 控件设置监听器，例如 Form 类的对象为 form，可以用以下语句设置监听器：

```
form.setItemStateListener(ItemStateListener l);
```

其中，参数 l 是实现 ItemStateListener 接口的类实例。

然后使用监听器接口中的方法 itemStateChanged(Item item)响应用户的事件。不同的是，Command 类一般用于用户按键的特别命令，而 Item 类用于响应用户对控件内容的修改或者控件状态的改变，如当文本框的文本由于用户的编辑而发生变化时，或者当单选项由于用户的选择而发生选项变化时。由实现接口的类响应这种变化。

注意：只有当用户的操作改变了 Item 控件的内容或状态时，程序才会调用 itemStateChanged( )方法。如果是应用程序自身引起 Item 控件发生变化，那么系统不进行特别处理。

4．外观

Item 控件中字符串的外观一般有三种：PLAIN（普通）、HYPERLINK（超链接）和 BUTTON（按钮）。

- PLAIN：用于显示无交互的文本或图像；
- HYPERLINK：用于显示表示链接地址的文本；
- BUTTON：表示按钮上的文本。

4.4.3　StringItem 类

StringItem 类是 Item 类的直接子类，用于显示一个字符串的组件，它包含的文本是静态的，不能被用户编辑，但它可以被程序自身修改。

下面从 4 个方面讨论 StringItem 的用法。

1．构造方法

```
StringItem(String,String)
```
其中，第一个参数指定标题，第二个参数指定字符串初始内容。

```
StringItem(String,String,int)
```
其中，第一个参数指定标题，第二个参数指定初始内容，第三个参数指定外观类型。

两个构造函数代码如下：

```
StringItem item1=new StringItem("标题","初始化内容");
StringItem item2=new StringItem("标题","初始化内容",Item.PLAIN);
```
将构造完毕的 StringItem 实例放入 Form 容器中，代码如下：

```
Form form1=new Form("Form标题");
form1.append(item1);
```
可以使用 Form 控件的 append 方法将 StringItem 控件追加到 Form 容器的最后，可以使用 set 方法替换指定的 item 控件，也可以使用 insert 方法插入到指定的 item 控件前。

2．外观

StringItem 类的外观与整个 Item 类的相同，也有 PLAIN、HYPERLINK 和 BUTTON 三种外观。方法定义如下：

```
public int getAppearanceMode()
```
功能：获得当前 StringItem 控件的外观类型。

```
void setPreferredSize (int,int)
```
功能：设置当前 StringItem 控件的偏好尺寸，第一个参数是宽度，第二个参数是高度。

3．字体设置

通过 getFont()和 setFont(Font)方法可以获得和设置 StringItem 控件中文本的字体。在设置字体前，要获得需要设置的字体，方法是：调用 Font 类的静态方法 getFont()。该方法的定义为：

```
public static Font.getFont (int face,int style,int size)
```
其中，参数 face 为字体类型，有 FACE_SYSTEM、FACE_MONOSPACE 和 FACE_PROPORTIONAL 三种选择；参数 style 为字体风格，有 STYLE_PLAIN、STYLE_BOLD、STYLE_ITALIC 和 STYLE_

UNDERLINED 四种类型及其组合；参数 size 为字体大小，有 SIZE_SMALL、SIZE_MEDIUM 和 SIZE_LARGE 三种选择。

例 4-5　演示各种字体的样式。使用 Font 类的 getFont 方法获得 4 种字体，在字体风格（普通、粗体、斜体和下划线）的 4 种类型中，可以同时使用。调用 StringItem 类的 setFont 方法设置当前控件中文本的字体，最后添加至 myform 中。

程序名：StringItemFont.java

```java
import javax.microedition.midlet.*;
import javax.microedition.lcdui.*;
public class StringItemFont extends MIDlet implements CommandListener{
    private Display display;
    private Command exitCommand;
    private Form myform;
    private Font myfont;
    public StringItemFont(){
        display=Display.getDisplay(this);
        exitCommand=new Command("退出",Command.SCREEN,1);
        myform=new Form("StringItem 字体演示");
        myfont=Font.getFont(Font.FACE_SYSTEM,Font.STYLE_PLAIN,
                        Font.SIZE_SMALL);
        StringItem myFontItem1=new StringItem("字体","系统，普通，小号字体
                                        ",Item.PLAIN);
        myFontItem1.setFont(myfont);
        myfont=Font.getFont(Font.FACE_MONOSPACE,Font.STYLE_BOLD,
                        Font.SIZE_MEDIUM);
        StringItem myFontItem2=new StringItem("字体","单空格，粗体，中号字体
                                        ",Item.PLAIN);
        myFontItem2.setFont(myfont);
        myfont=Font.getFont(Font.FACE_PROPORTIONAL,Font.STYLE_ITALIC,
                        Font.SIZE_LARGE);
        StringItem myFontItem3=new StringItem("字体","均衡，斜体，大号字体
                                        ",Item.PLAIN);
        myFontItem3.setFont(myfont);
        myfont=Font.getFont(Font.FACE_PROPORTIONAL,Font.STYLE_
                        UNDERLINED,Font.SIZE_LARGE);
        StringItem myFontItem4=new StringItem("字体","均衡，下划线，大号字体
                                        ",Item.PLAIN);
        myFontItem4.setFont(myfont);
        myform.append(myFontItem1);
        myform.append(myFontItem2);
        myform.append(myFontItem3);
        myform.append(myFontItem4);
```

```
        myform.addCommand(exitCommand);
        myform.setCommandListener(this);
    }
    public void startApp(){
        display.setCurrent(myform);
    }
    public void pauseApp(){
    }
    public void destroyApp(boolean uncondition){
    }
    public void commandAction(Command c,Displayable d){
        if(c==exitCommand){
            destroyApp(false);
            notifyDestroyed();
        }
    }
}
```

运行结果如图 4-6 所示。

有关字体的具体属性和 Font 类请参考第 5 章相关内容。

4．StringItem 控件的文本

```
public String getText()
```
功能：获得当前 StringItem 控件中的文本内容。
```
public void setText(String)
```
功能：设置当前 StringItem 控件中的文本内容。

StringItem 控件中的文本是水平显示的，当文本长度超过屏幕
宽度时，将自动换行，并尽量保证一个单词不被分割成两部分。

图 4-6　StringItem 字体演示

4.4.4　文本区域——TextField 类

TextField 是一个可以放置在 Form 控件中的文本编辑组件，它
的功能类似于 TextBox，很多方法也类似，例如，都具有标题、初
始内容、最大的容量限制和对用户输入文本的限制。但它们也有不
同之处，主要表现在以下两个方面：

● TextField 只支持单行的文本编辑，TextBox 支持多行编辑；
● TextField 与 Form 共同使用，而 TextBox 是单独使用的。

TextField 组件构造方法的定义如下：
```
public TextField(String title,String initText,int maxSize,int
                        constraints)
```
其中，参数 title 指定组件的标题；参数 initText 指定组件内的初始内容；参数 maxSize 指定
组件所能容纳的最大字符数；参数 constraints 指定允许用户输入内容的限制，有关限制的内容请
参考 4.1.2 节。

TextField 控件获得和设置限制的方法、获得和设置最大文本容量的方法及编辑文本的方法与 TextBox 的相同。

例 4-6 演示 TextField 控件的用法。这是一个关于个人信息管理系统的 **MIDlet** 程序，首先设置一个联系人信息管理框架，建立 4 个文本域，可输入姓名、地址、邮箱和电话号码信息。在单击"提交"按钮后，4 个输入文本域消失，并使用字符串控件显示信息成功保存的提示。

程序名：TextFieldInformation.java

```java
import javax.microedition.midlet.*;
import javax.microedition.lcdui.*;
public class TextFieldInformation extends MIDlet implements
            CommandListener{
    private Display display;
    private Form form;
    private Command submit;
    private Command exit;
    private TextField name,address,email,telephone;
    private String str0;
    private StringItem str;
    public TextFieldInformation(){
        display=Display.getDisplay(this);
        submit=new Command("提交",Command.SCREEN,1);
        exit=new Command("退出",Command.EXIT,1);
        name=new TextField("姓名","",30,TextField.ANY);
        address=new TextField("地址","",30,TextField.ANY);
        email=new TextField("邮箱","",30,TextField.EMAILADDR);
        telephone=new TextField("电话","",30,TextField.PHONENUMBER);
        form=new Form("联系人信息管理");
        form.addCommand(exit);
        form.addCommand(submit);
        form.append(name);
        form.append(address);
        form.append(email);
        form.append(telephone);
        form.setCommandListener(this);
    }
    public void startApp(){
        display.setCurrent(form);
    }
    public void pauseApp(){}
    public void destroyApp(boolean unconditional){}
    public void commandAction(Command command,Displayable displayable){
        if (command==submit){
```

```
            str0=name.getString()+"\n";
            str0+=address.getString()+"\n";
            str0+=email.getString()+"\n";
            str0+=telephone.getString()+"\n";
            str=new StringItem("",str0+ "信息已经正确保存");
            for(int i=0;i<4;i++)
                form.delete(i);
            form.removeCommand(submit);
            form.append(str);
        }
        else if (command==exit){
            destroyApp(false);
            notifyDestroyed();
        }
    }
}
```

程序运行结果如图 4-7 和图 4-8 所示。

图 4-7　输入信息

图 4-8　显示并保存信息

4.4.5　图像操作——ImageItem 类

ImageItem 类是专门用于显示图形图像的组件，可以实现图像和文字互相嵌入。
下面分别从几个方面介绍 ImageItem 类的使用。

1. 构造

ImageItem 的构造方法有两个，分别是：

```
public static ImageItem(String title,Image image,int layout,String
                        altText)
public static ImageItem(String title,Image image,int layout,String
                        altText,int appearance)
```

其中，参数 title 指定整个控件的标题；参数 image 为 Image 类的一个图像对象，是显示图像的内容；参数 layout 指定布局的类型，与 Form 中的组件布局概念一致，也使用布局指示符设置布局；参数 altText 为可选文本，就是当控件中的图像不能显示时，用来替代图像的文本，一般都是说明图像内容的文字；参数 appearance 指定外观类型，ImageItem 的外观同 StringItem，专指文本的显示类型，可以是 PLAIN、HYPERLINK 或 BUTTON。

相关的方法还有：

```
public int getAppearance()
```

功能：获得当前 ImageItem 控件的外观类型，用不同的整型值表示不同的外观。

这些参数都是可选的，如果在创建时忽略，则用 null 代替。

2．Image 类

方法：

```
public Image getImage()
```

功能：获得当前 ImageItem 控件的图像内容。

```
public void setImage(Image image)
```

功能：设置当前 ImageItem 控件的内容，参数 image 是 Image 类型的对象。

Image 是控件的内容，创建 Image 实例的方法是，调用 Image 类的静态方法 createImage( )，定义如下：

```
public Image createImage(String filePath)
```

其中，参数 filePath 指定图像所在的目录，可以是绝对目录，也可以是相对目录。一般来说，图像文件被当做资源文件，放置在程序目录的 res 子目录下。

3．ImageItem 类布局

方法：

```
public int getLayout()
```

功能：获得当前 ImageItem 控件的布局类型。

```
public void setLayout(int layout)
```

功能：设置当前 ImageItem 控件的布局。

ImageItem 的布局与 Item 类的布局一致，使用布局指示具体内容请参考 4.4.2 节。

例 4-7　演示 ImageItem 控件的用法。在手机上显示个人相册，相册内可放置 6 张图片，编号为 1,2…，用 Image 数组存放这些图片，放在资源目录中。

程序名：ImageItemAlbum.java

```
import javax.microedition.midlet.*;
import javax.microedition.lcdui.*;
public class ImageItemAlbum extends MIDlet implements CommandListener{
    private Display display;
    private Form form;
    private Command exit;
    private Command next;
    private Image[] image;
    private ImageItem imageItem;
    private int i=0;
    public ImageItemAlbum(){
```

```java
display=Display.getDisplay(this);
exit=new Command("Exit",Command.EXIT,1);
next=new Command("Next",Command.ITEM,2);
form=new Form("汽车标志相册");
form.addCommand(exit);
form.addCommand(next);
form.setCommandListener(this);
try{
    image=new Image[6];
    for(;i<6;i++){
        image[i]=Image.createImage("/"+i+".png");
    }
    imageItem=new ImageItem(null,image[0],
    ImageItem.LAYOUT_NEWLINE_BEFORE |
    ImageItem.LAYOUT_CENTER |
    ImageItem.LAYOUT_NEWLINE_AFTER,"My Image");
    form.append(imageItem);
}
catch (java.io.IOException error){
    Alert alert=new Alert("Error","不能显示图片",null,null);
    alert.setTimeout(Alert.FOREVER);
    alert.setType(AlertType.ERROR);
    display.setCurrent(alert);
}
}
public void startApp(){
    display.setCurrent(form);
}
public void pauseApp(){}
public void destroyApp(boolean unconditional){}
public void commandAction(Command command,Displayable Displayable){
    if (command==exit){
        destroyApp(false);
        notifyDestroyed();
    }
    else if(command==next){
        System.out.println(i);
        if(i==6)
        i=0;
        imageItem.setImage(image[i]);
        i++;
    }
}
}
```

图 4-9　ImageItem 效果

运行结果如图 4-9 所示。

4.4.6　空间填充控件——Spacer 类

Spacer 类是一个比较特殊的控件，它并不可见。在通常情况下，它起辅助定位的作用。一旦指定了 Spacer 的宽度和高度，就可以用该 Spacer 作为 Form 内部控件间的空隙，或者称为填充物。Spacer 类的方法：

```
Spacer(int width, int height)
```

功能：构造一个 Spacer 实例。其中，参数 width 指定 Spacer 的宽度，参数 height 指定 Spacer 的高度。

```
setMinimumSize(int width, int height)
```

功能：设置一个 Spacer 实例的宽度和高度。

注意：Spacer 不能使用 addCommand、setDefaultCommand 和 setLabel 方法，因此 Spacer 不具有标题，也不能同用户交互。

4.4.7　选择组组件——ChoiceGroup 类

ChoiceGroup 类同前面讨论过的 List 类似，是实现了 Choice 接口的类，主要的不同有以下三点：

- List 可以直接显示在屏幕上，而 ChoiceGroup 是一个控件，必须放置在 Form 容器中；
- ChoiceGroup 不能使用 Choice.IMPLICIT 类型的 Choice 接口；
- ChoiceGroup 具有一种特殊类型的 Choice 接口，即 Choice.POPUP（下拉列表）类型，它是在 MIDP2.0 中被引入的。

ChoiceGroup 的大部分方法都与 Choice 接口的相同，只是在构造方法上有所不同。

使用两个构造方法，其定义如下：

```
public static ChoiceGroup(String title,int choiceType)
public static ChoiceGroup(String title,int choiceType,
                          String[] strings,Image[] imgs)
```

其中，参数 title 指定 ChoiceGroup 的标题；参数 choiceType 指定 ChoiceGroup 的类型，只能是 EXCLUSIVE、MULTIPLE 和 POPUP 之一；参数 strings 指定各选项的文本内容；参数 imgs 指定各选项的图像内容。

构造完毕后，可以随时添加、编辑和删除 ChoiceGroup 中的选项。较长文本的显示仍然有截断显示和换行显示两种方式。在字体方面，可以使用 getFont 和 setFont 方法获得和设置字体，相关内容可以参考 4.4.3 节。

在介绍 Item 类时提到，当 Item 状态发生改变时，会触发 ItemStateChanged 事件。具体到 ChoiceGroup 控件，当其中选项的选中状态发生变化时，触发该事件。如果设置了监听器 ItemStateListener，则捕捉到该事件并执行对应的操作。

例 4-8　演示 ChoiceGroup 的类型和状态改变。首先建立一个 Form 实例，然后向这个 Form 中添加三个 ChoiceGroup 实例，类型分别为：EXCLUSIVE、MULTIPLE 和 POPUP，用于接收用户对性别、学校和婚姻状况的选择，再分别调用 append 方法为这三个 ChoiceGroup 的每个选项添加文字和图片。最后，向 Form 中添加一个 StringItem 组件，用于显示用户的输入。

程序名：ChoiceGroupMIDlet.java

```java
import javax.microedition.midlet.*;
import javax.microedition.lcdui.*;
public class ChoiceGroupMIDlet extends MIDlet implements
            CommandListener,ItemStateListener{
    private Display display;
    private Command exitCommand;
    private Form myform;
    private ChoiceGroup myExclusiveChoiceGroup;
    private ChoiceGroup myMultipleChoiceGroup;
    private ChoiceGroup myPopupChoiceGroup;
    private StringItem myChoice;
    private Image img=null;
    public ChoiceGroupMIDlet(){
        display=Display.getDisplay(this);
        exitCommand=new Command("退出",Command.SCREEN,1);
        myform=new Form("ChoiceGroup 演示");
        try{
            img=Image.createImage("/pic.png");
        }catch(Exception e){ myform.append("加载图像文件失败");}
        myExclusiveChoiceGroup=new ChoiceGroup("选择性别",
                                        ChoiceGroup.EXCLUSIVE);
        myMultipleChoiceGroup=new ChoiceGroup("选择学校",
                                        ChoiceGroup.MULTIPLE);
        myPopupChoiceGroup=new ChoiceGroup("选择婚姻状况",
                                        ChoiceGroup.POPUP);
        myExclusiveChoiceGroup.append("男",img);
        myExclusiveChoiceGroup.append("女",img);
        myMultipleChoiceGroup.append("南开大学",img);
        myMultipleChoiceGroup.append("天津大学",img);
        myMultipleChoiceGroup.append("清华大学",img);
        myMultipleChoiceGroup.append("北京大学",img);
        myPopupChoiceGroup.append("未婚",img);
        myPopupChoiceGroup.append("已婚",img);
        myChoice=new StringItem("您选择的内容是：","");
        myform.append(myExclusiveChoiceGroup);
        myform.append(myMultipleChoiceGroup);
        myform.append(myPopupChoiceGroup);
        myform.append(myChoice);
        myform.addCommand(exitCommand);
        myform.setCommandListener(this);
```

```
        myform.setItemStateListener(this);
    }
    public void startApp(){
        display.setCurrent(myform);
    }
    public void pauseApp(){}
    public void destroyApp(boolean uncondition){}
    public void commandAction(Command c,Displayable d){
        if(c==exitCommand){
            destroyApp(false);
            notifyDestroyed();
        }
    }
    public void itemStateChanged(Item item){
        if(item==myExclusiveChoiceGroup){
            int selected=myExclusiveChoiceGroup.getSelectedIndex();
            String temp=myExclusiveChoiceGroup.getString(selected);
            myChoice.setText(temp);
        }
        if(item==myMultipleChoiceGroup){
            boolean selected;
            String temp="";
            for(int i=0;i<myMultipleChoiceGroup.size();i++){
                selected=myMultipleChoiceGroup.isSelected(i);
                if(selected){
                    temp+=myMultipleChoiceGroup.getString(i);
                }
            }
            myChoice.setText(temp);
        }
        if(item==myPopupChoiceGroup){
            int selected=myPopupChoiceGroup.getSelectedIndex();
            String temp=myPopupChoiceGroup.getString(selected);
            myChoice.setText(temp);
        }
    }
}
```

运行结果如图 4-10 所示。

为了响应用户的选择，需要建立与 ItemStateListener 的关联，注意类的声明代码：

```
public class ChoiceGroupMIDlet extends MIDlet
        implements CommandListener,ItemStateListener
```

它实现了两个监听器 CommandListener 和 ItemStateListener，即建立了两个关联。在类的定义中，定义了两个方法：commandAction 和 itemStateChanged，分别对应于两个监听器的操作。一旦触发了事件，则监听器自动执行相应的方法。

当用户在 ChoiceGroup 中选择选项时，造成选项状态的变化，此时 ItemStateListener 捕获到该变化并执行相应的操作。对本例来说，当用户选择某项时，需要将 StringItem 控件中的内容更新为用户的选择内容。于是在 itemStateChanged 方法中添加了更新 StringItem 的代码。这是本例重点学习的内容。

如果发生改变的 Item 是 myExclusiveChoiceGroup，则调用 getSelectedIndex 方法得到用户选中的那个选项的索引号，存储到变量 selected 中；再通过 getString 方法获得这个索引号下选项的文本内容；最后使用 StringItem 类的 setText 方法设置文本为用户选择的那个选项。

图 4-10　例 4-8 图

如果发生改变的 Item 是 myMultipleChoiceGroup，因为复选框被选中的选项可能有多个，所以不能使用 getSelectedIndex 方法，而要使用 for 循环依次检查每一个选项是否被选中。这个检查使用 isSelected 方法，指定索引号，返回是否选中的布尔值，存储到变量 selected 中，然后判断变量 selected 是否为 true，若是，则获得选中选项的文本，并追加到字符串 temp 中。最后将字符串 temp 作为 StringItem 控件的内容显示在屏幕上。

如果发生改变的 Item 是 myPopupChoiceGroup，因为用户只能选择一个选项，那么处理方法同单选项一致。

4.4.8　处理日期和时间组件——DateField 类

DateField 控件是专门用于处理日期和时间的组件，其目的是方便用户对日期和时间的输入。它可以嵌入到 Form 控件容器中，共有三种模式：

- **DTAE**　日期，只允许输入日、月、年的信息；
- **TIME**　时间，只允许输入小时、分钟、秒的信息；
- **DATETIME**　日期时间，允许同时输入日期信息和时间信息。

构造方法：

```
public DateField (String,int)
```

其中，第一个参数指定控件标题，第二个参数指定模式。

```
public  DateField (String,int,TimeZone)
```

其中，第一个参数指定控件标题，第二个参数指定模式，第三个参数指定当前时区。

以下是获得和设置日期与模式的一些方法：

```
public Date getDate()
```

功能：获得当前组件中的日期时间。

```
public void setDate(Date)
```

功能：设置当前组件中的日期时间。

```
public int getInputMode()
```

功能：获得当前组件的模式。

```
public void setInputMode(int)
```

功能：设置当前组件的模式。

例 4-9 演示三种模式下 DateField 控件的使用方法。首先建立一个 Form 容器，然后建立三个不同模式的 DateField 控件，添加到 Form 中，得到如图 4-11 所示的界面。按下模拟器上的方向键，可以选择编辑哪种模式的 DateField 组件。

选择日期模式组控件，得到如图 4-12 所示的界面，按方向键选择年、月和日，按 Save 键进行保存；选择时间模式的组件，得到如图 4-13 所示的界面，按方向键选择小时、分钟和秒，保存；选择日期时间模式的组件，分别设置时间和日期，保存后得到如图 4-14 所示的界面，此时日期和时间编辑完毕。

程序名：TestDateField.java

```java
import javax.microedition.midlet.*;
import javax.microedition.lcdui.*;
public class TestDateField extends MIDlet implements CommandListener{
    private Display display;
    private Command exitCommand;
    private Form myform;
    private DateField datefield;
    private DateField timefield;
    private DateField datetimefield;
    public TestDateField(){
        display=Display.getDisplay(this);
        exitCommand=new Command("退出",Command.SCREEN,1);
        myform=new Form("DateField演示");
        datefield=new DateField("处于日期模式下的 DateField",
                                DateField.DATE);
        timefield=new DateField("处于时间模式下的 DateField",
                                DateField.TIME);
        datetimefield=new DateField("处于日期时间模式下 DateField",
                                DateField.DATE_TIME);
        myform.append(datefield);
        myform.append(timefield);
        myform.append(datetimefield);
        myform.addCommand(exitCommand);
        myform.setCommandListener(this);
    }
    public void startApp(){
        display.setCurrent(myform);
    }
    public void pauseApp(){}
    public void destroyApp(boolean uncondition){}
    public void commandAction(Command c,Displayable d){
        if(c==exitCommand){
            destroyApp(false);
```

```
                notifyDestroyed();
            }
        }
    }
```

图 4-11　调整之前

图 4-12　调整日期

图 4-13　调整时间

图 4-14　调整之后

4.4.9　进度条——Gauge 类

　　Gauge 组件用图形的方式指示当前过程的进度，它可以放置在 Form 容器中。每个 Gauge 实例都具有一个取值范围（最小值为 0，最大值由程序在控件初始化时指定）和一个当前值（在取值范围内，且为整数），这个当前值指示了在整个取值范围的位置。

　　Gauge 有两种模式：交互式和非交互式。在交互式模式中，用户可以更改当前值；而在非交互模式中，用户不能更改当前值。但无论是否允许更改，当前值必须在规定的取值范围内。

　　交互式模式一般用于指示当前的状态，它允许用户进行程度上的修改，如当前声音的音量可以用 Gauge 控件来表示，音量的最小值就是 Gauge 的最小值，音量的最大值就是 Gauge 的最大值，音量的当前值就是当前的音量值。如果用户想调整音量，可以通过设置 Gauge 的当前值通知系统调整音量。

　　非交互式模式用于指示某一过程的进度，只起到提示的用途而不允许用户进行修改。例如，需要执行一个运行较长时间的程序，Gauge 组件可以给用户一个反馈信息，指示当前程序完成的百分比，防止用户误以为程序死锁。

Gauge 组件的主要方法如下。

构造方法：

```
public Gauge(String,boolean,int,int)
```

其中，第一个参数指定组件标题；第二个参数指定 Gauge 类型，为 true 表示交互式，为 false 表示非交互式；第三个参数指定最大值；第四个参数指定初始值。

其他方法：

```
public void addCommand(Command)
```

功能：向当前 Gauge 控件添加命令按钮。

```
public void setDefaultCommand(Command)
```

功能：设置当前 Gauge 控件的默认命令。

```
public void setItemCommandListener(ItemCommandListener)
```

功能：设置当前 Gauge 组件添加 Item 命令监听器。

```
public int getValue()
```

功能：获得当前 Gauge 控件的当前值。

```
public void setValue(int)
```

功能：设置当前 Gauge 控件的当前值为参数指定的整数值。

```
public int getMaxValue()
```

功能：获得当前 Gauge 控件的最大值。

```
public void setMaxValue(int)
```

功能：设置当前 Gauge 控件的最大值为参数指定的整数值。

```
public void setLabel(String)
```

功能：设置当前 Gauge 控件的标题为参数指定的字符串。

```
public void setLayout(int)
```

功能：设置当前 Gauge 控件的布局为参数指定的布局。

```
public void setPreferredSize(int,int)
```

功能：设置当前 Gauge 控件的偏好尺寸。其中，第一个参数指定宽度，第二个参数指定高度。

```
public boolean isInteractive()
```

功能：获得当前 Gauge 控件是否交互式，返回 true 表示是交互式模式，返回 false 表示是非交互式模式。

交互式 Gauge 的样式是一条从左到右上升的弧线，非交互式 Gauge 的样式从左到右是水平的。

例 4-10 交互式 Gauge 的使用。程序首先建立 Form 容器，使用如下语句：

```
interactiveGauge=new Gauge("交互 Gauge",true,6,3);
```

创建交互式 Gauge 控件，其中，参数 true 表明 Gauge 的类型是交互式的，6 表示最大值，3 表示当前值。共有 6 个格，按左、右方向键可以调整当前值。

程序名：

```
import javax.microedition.midlet.*;
import javax.microedition.lcdui.*;
public class TestGauge extends MIDlet implements CommandListener{
    private Display display;
    private Command exitCommand;
```

```
private Form myform;
private Gauge interactiveGauge;
public TestGauge(){
    display=Display.getDisplay(this);
    exitCommand=new Command("退出",Command.SCREEN,1);
    myform=new Form("交互式 Gauge 演示");
    interactiveGauge=new Gauge("交互式 Gauge",true,6,3);
    myform.append(interactiveGauge);
    myform.addCommand(exitCommand);
    myform.setCommandListener(this);
}
public void startApp(){
    display.setCurrent(myform);
}
public void pauseApp(){
}
public void destroyApp(boolean uncondition){
}
public void commandAction(Command c,Displayable d){
    if(c==exitCommand){
        destroyApp(false);
        notifyDestroyed();
    }
}
}
```

运行结果如图 4-15 所示。

注意：按一次键对于 Gauge 控件当前值的作用是增 1，即当最大值为 6 时，每按一次键，Gauge 移动 1 格；而当最大值为 12 时，由于图形上只有 6 个格，因此每按两次键，Gauge 才移动 1 格。

4.4.10 自定义组件——CustomItem 类

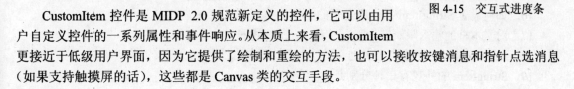

图 4-15 交互式进度条

CustomItem 控件是 MIDP 2.0 规范新定义的控件，它可以由用户自定义控件的一系列属性和事件响应。从本质上来看，CustomItem 更接近于低级用户界面，因为它提供了绘制和重绘的方法，也可以接收按键消息和指针点选消息（如果支持触摸屏的话），这些都是 Canvas 类的交互手段。

习题 4

1. Command 的构造方法中有几个参数？各参数的含义是什么？
2. CommandListener 接口类中定义了_____抽象方法，第一个参数是_____，第二个参数是_____。

3．为 TextBox 类的实例添加命令按钮使用_____命令，设置监听器使用_____命令。

4．接口 itemStateListener 中定义的抽象方法是_____，向控件上注册状态监听器的方法是_____。

5．使用构造方法创建一个 TextBox 实例，它包含_____个参数，方法的原型如下：

```
TextBox(String title,String initText,int maxLength,int constrains)
```

其中，参数 title 指定_____，参数 initText 指定_____，参数 maxLength 指定_____，参数 constrains 指定_____。

6．调用如下构造方法：

```
public Form(String caption, Item[] itemList);
```

其中，参数 caption 指定_____，参数 itemList 指定存放多个_____。

7．ImageItem 的构造方法有两个，定义分别是：

```
public static ImageItem(String title,Image image,
                        int layout,String altText)
public static ImageItem(String title,Image image,
                        int layout,String altText,int appearance)
```

其中，参数 title 指定_____，参数 image 指定_____，参数 layout 指定_____，参数 altText 指定_____，参数 appearance 指定_____。

8．构造方法：

```
DateField(String,int,TimeZone)
```

其中，第一个参数指定_____，第二个参数指定_____，第三个参数指定_____．

9．DateField 控件是专门用于处理日期和时间的控件，共有三种模式：_____、_____和_____。

10．在 MIDP 2.0 版本中引入了 Choice 接口的布局策略（FitPolicy），这个策略决定了当选项的内容超过显示限制时如何显示的问题。有三种策略：_____，超出限制的部分换到下一行显示；_____，超出限制的部分被忽略；_____，默认策略。

11．Image 是 ImageItem 控件的内容，创建 Image 实例的方法是_____。

12．ImageItem 控件的图片应放在_____目录下。

13．可以实现 Choice 接口的高级用户界面类包括_____类和_____类。

14．Choice 接口的每一个选项包括_____和_____，其中图像是可选的。

15．List 类对象使用 getSelectedIndex()方法可以获得_____列表中选中项的索引号。

16．如何设置 StringItem 控件所显示的字体？

17．对文本框的输入限制有_____和_____两种。

18．ItemStateListener 接口类中定义了_____抽象方法。

19．StringItem 的外观有三种分别是_____、_____和_____。

20．进度条有哪几种类型?

21．编程练习

（1）股票基金显示系统。在列表中选择"封闭基金"项，然后按 Submit 键，将在滚动条中显示封闭基金的名称及当前价格；在列表中选择"开放基金"项，然后按 Submit 键，将在滚动条中显示开放基金的名称及当前价格。实现效果如图 4-16 所示，程序名：ListTicker.java。

（2）编写一个登录系统的 MIDlet 程序。在屏幕中输入密码，显示"*"，当用户按下 OK 键后，显示在文本域中输入的用户名和密码信息。实现效果如图 4-17 所示，具体实现可参考教学资源包中的程序，程序名：TextFieldLogin.java。

（3）设置系统时间。用 today=new Date(System.currentTimeMillis( ));方法获得当前时间，并设定日期域的时间，分别选定日期和时间部分，按下选择键，然后分别用时间模式和日期模式调整系统时间。实现效果如图 4-18 所示，程序名：SetDateToday.java。

提示：使用语句

```
datefield=new DateField("",DateField.DATE_TIME);
datefield.setDate(today);
```

通过选择键和方向键调整时间。

图 4-16　实现效果（1）

图 4-17　实现效果（2）

图 4-18　实现效果（3）

第5章 低级图形用户界面

本章简介：低级用户界面的核心思想是基于像素的设计思想，在屏幕上建立一块画布，然后在画布上绘制需要的图形、图像，甚至颜色和字体。它更接近于系统的硬件资源，因此它的可移植性不如高级用户界面。

本章主要内容包括 Canvas 屏幕类、Graphics 类、计时器及低级事件处理机制。

每一个 MIDlet 应用程序在屏幕上显示的图形界面都是 Displayable 类派生的子类实例。Displayable 类有两个子类：Screen 类和 Canvas 类。Screen 类属于高级用户界面类，第 4 章已经讲过。本章重点介绍低级用户界面 Canvas 类及其相关知识。

5.1 画布 Canvas 类

要绘制一幅图画，需要画笔和画布，低级用户界面的思想是：用画笔在画布上绘制图形控制屏幕的每一个像素。画布是 Canvas 类，画笔是 Graphics 类。

5.1.1 Canvas 类概述

Canvas 类的功能主要分为两个方面：一方面是对低级用户事件的处理，包括按键事件和指针事件，Canvas 实例负责监听这些事件，并做出相应的处理；另一方面，通过 Graphics 类的实例在屏幕上绘制自己，Canvas 类还定义了屏幕属性、全屏的运行模式以及后台运行的功能等。

Canvas 类是抽象类，每一个使用 Canvas 类的应用程序，必须先定义一个 Canvas 类的子类。这个子类必须实现父类 Canvas 的一个抽象方法 paint()，它是 Canvas 类最核心的方法，这个方法规定了如何在屏幕上绘制自己：

```
protected abstract void paint(Graphics g)
```

通过这个方法引入画笔 Graphics 绘图类的对象，完成实际的自我绘制工作。

5.1.2 画布规格与布局

利用 Canvas 类显示文本时必须指定坐标，不同的硬件设备，屏幕的大小不相同。为了获得好的显示效果，则必须知道屏幕的大小，为此 Canvas 类提供了 **getWidth()**方法和 **getHeight()**方法分别返回画布的宽度和高度。这两个数值都是正整数，单位为像素。整个画布的左上角为坐标系的原点（0,0），向右为 X 轴的正方向，向下为 Y 轴的正方向。不同的设备具有不同的画布规格，根据画布的宽度和高度调整程序中屏幕绘制部分的位置。在 MIDP2.0 规范中，新增了一个 Canvas 类的全屏模式，它允许用户将画布的大小覆盖整个屏幕，设置方法为：

```
public void setFullScreenMode(boolean mode)
```

如果参数为 true，则系统将当前画布扩展到全屏幕；如果参数为 false，则恢复原有大小。

无论何种过程，只要画布的尺寸发生变化，都会激活 sizeChange 方法。该方法的原型定义如下：

```
protected void sizeChange(int w,int h)
```

其中，两个参数分别表示变化后的画布宽度和高度。可以重写这个方法实现对事件的响应，定义当画布尺寸变化时所要执行的操作。

屏幕可以分成上、中、下三个部分，如图 5-1 所示，其中中间的部分是画布在普通模式下的最大尺寸，如果设置为全屏模式，则画布覆盖三个部分的所有区域。

在画布上，由于 Canvas 类是 Displayable 的子类，通过继承仍然可以添加 Command 实例，也可以关联命令监听器，当用户执行某个命令时，触发 commandAction 方法。

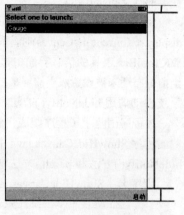

图 5-1　画布规格

5.1.3　绘制和重绘制

Canvas 类中定义了一个最重要的抽象方法 paint()，paint()方法能完成对屏幕的绘制。该方法带有一个 Graphic 类型的实例参数，利用这个参数可以完成图形的绘制工作。paint()方法必须设置区域中的每一个像素。一般来说，程序并不直接显式调用 paint()方法，而是由系统自动完成调用，例如，当 MIDlet 开始运行时，setCurrent()方法会自动调用 paint()方法。

需要注意的是，绘制好的画布并不保存，当 Canvas 再次显示时，必须重新绘制画布，因此，在设计 paint()方法时，不能对当前的画布做任何设定，就像每次绘制都是在一张空白的画布上进行绘制一样。

在低级用户界面 Canvas 类中，屏幕中显示对象的任何变化都会影响当前屏幕的显示，因此必须重新绘制整个画布或者部分画布，使界面对象的显示内容在屏幕上体现出来。为此，Canvas 类提供了一个重新绘制画布的方法 repaint()，方法定义如下：

```
public final void repaint()
public final void repaint(int x,int y,int width,int height)
```

功能：前者用于绘制整个画布，功能上相当于 paint()方法；后者用于绘制指定矩形区域的画布。其中，参数 x，y 指定矩形区域的左上角的 X 轴坐标和 Y 轴坐标，参数 width 指定矩形区域的宽度，参数 height 指定矩形区域的高度。

一般来说，如果画布只有部分区域发生改变，那么出于运行速度的考虑，没有必要调用绘制全部画布的方法。从本质上看，repaint()方法在绘制指定区域时会通知系统调用 paint()方法完成绘制，也就是说，由 paint()方法完成实际的绘制。因此 paint()方法应该至少包括任何 repaint()方法所要求重绘的区域。这也是为什么要求在 paint()方法中不能假设任何已有的图像，并绘制画布上每一个像素的原因。

5.1.4　画布可视化

Canvas 类提供了 showNotify()方法和 hideNotify()方法，前者将在画布显示于屏幕上之前被调用，后者将在画布从屏幕上移除之后自动被调用。因此，可以向这两个方法添加那些在画布显示前和移除后需要执行的操作。另外，Canvas 类提供了 isShown()方法，它可以获得当前画布是否在屏幕上显示的信息。

例 5-1 演示画布被添加到屏幕上和被移除的执行过程。在该程序中，当主 MIDlet 类调用 display.setCurrent(myCanvas)时，系统自动调用 Canvas 类的 showNotify()方法和 paint()方法，因此在 WKToolBar 工具的信息界面中显示了两部分信息，如图 5-1 所示。注意，调用 showNotify()方法时，当前画布还未被设置成当前屏幕；而调用 paint()方法时，当前画布已经显示在屏幕上；退出程序时，系统自动调用 hideNotify()方法，此时画布处于隐藏状态。

该程序由两个子程序组成：ShowHideCanvasMIDlet.java 和 ShowHideCanvas.java。

程序 ShowHideCanvas.java 中包含自定义的 Canvas 类 ShowHideCanvas，在 showNotify()方法、hideNotify()方法和 paint()方法中添加了一些输出提示信息和判断当前 Canvas 是否可见的代码。

程序名：ShowHideCanvas.java

```
import javax.microedition.midlet.*;
import javax.microedition.lcdui.*;
public class ShowHideCanvas extends Canvas{
    public ShowHideCanvas(){}
    protected void showNotify(){
        System.out.println("showNotify 方法被调用");
        if(isShown())
            System.out.println("当前画布处于显示状态");
        else
            System.out.println("当前画布处于隐藏状态");
    }
    protected void hideNotify(){
        System.out.println("hideNotify 方法被调用");
        if(isShown())
            System.out.println("当前画布处于显示状态");
        else
            System.out.println("当前画布处于隐藏状态");
    }
    protected void paint(Graphics g){
        System.out.println("paint 方法被调用");
        if(isShown())
            System.out.println("当前画布处于显示状态");
        else
            System.out.println("当前画布处于隐藏状态");
    }
}
```

程序 ShowHideCanvasMIDlet.java 中包含 MIDlet 的主类。

程序名：ShowHideCanvasMIDlet.java

```
import javax.microedition.midlet.*;
import javax.microedition.lcdui.*;
public class ShowHideCanvasMIDlet extends MIDlet implements CommandListener{
```

```
private Display display;
private Command exitCommand;
private ShowHideCanvas myCanvas;
public ShowHideCanvasMIDlet(){
    display=Display.getDisplay(this);
    exitCommand=new Command("退出",Command.SCREEN,1);
    myCanvas=new ShowHideCanvas();
    myCanvas.addCommand(exitCommand);
    myCanvas.setCommandListener(this);
}
public void startApp(){
    display.setCurrent(myCanvas);
}
public void pauseApp(){
}
public void destroyApp(boolean uncondition){
}
public void commandAction(Command c,Displayable d){
    if(c==exitCommand){
        destroyApp(false);
        notifyDestroyed();
    }
}
}
```

在 Eclipse 工作台下方显示如图 5-2 所示。

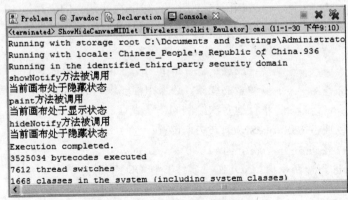

图 5-2　Eclipse 工作台下方显示

5.2　图形绘制 Graphics 类

Graphics 类提供了在 Canvas 上进行绘制图形的各种方法。通过这些方法可以定制颜色、字体和画笔的样式，绘制简单图形、文本和图片等。

5.2.1 绘制简单图形

Graphics 提供了大量的绘制简单图形的方法，不过在介绍绘制图形之前，先要介绍如何设置颜色。

Graphics 提供了两种设置颜色的方法：

```
public void setColor(int RGB)
```

其中，参数 RGB 为颜色值，即十六进制数 0x00RRGGBB，BB 表示蓝色分量，GG 表示绿色分量，RR 示红色分量。

```
public void setColor(int red,int green,int blue)
```

功能：直接用三个 0~255 之间的整数分别表示红色、绿色和蓝色分量。在调用任何一个 setColor() 方法后，所有绘制的图形都会采用新定制的颜色，直到下一个 setColor() 方法被调用。

对应地，可以使用下列方法获取当前颜色：

```
public int getColor()
public int getRedComponent()
public int getGreenComponent()
public int getBlueComponent()
```

下面介绍简单图形的绘制方法。

1. 绘制直线

直线是最基本的几何图形，Graphics 类提供了 drawLine( ) 方法绘制一条直线。该方法的定义如下：

```
public void drawLine(int x1,int y1,int x2,int y2);
```

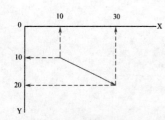

图 5-3 直线绘制示意图

其中，参数 x1，y1 表示直线起点的 X 轴坐标和 Y 轴坐标；参数 x2，y2 表示直线终点的 X 轴坐标和 Y 轴坐标。

如图 5-3 所示，绘制直线起点的坐标是(10,10)，终点的坐标是(30,20)。调用方法 drawLine(10,10,30,20) 绘制直线的实例请参考例 5-2。

注意：在 J2ME 中，只能绘制单像素的线条。如果需要绘制多像素的线条，必须由程序设计者自行实现。一种通常的方法是，平行地多次绘制同一条直线。

直线的样式可以通过 setStrokeStyle() 方法来设置：

```
public void setStrokeStyle(int style)
```

其中，参数 style 可选两个值：SOLID（实线）和 DOTTED（虚线）。

2. 绘制矩形

矩形是很常见的几何图形，Graphics 类提供了 4 种绘制矩形的方法。

（1）drawRect

drawRect 方法绘制一个直角的矩形框，定义如下：

```
public void drawRect(int x,int y,int width,int height)
```

其中，参数 x，y 指定矩形左上角的 X 轴坐标和 Y 轴坐标；参数 width 指定矩形的宽度（X 轴方向的长度）；参数 height 指定矩形的高度（Y 轴方向的长度）。调用方法 drawRect(10,10,20,10) 得到如图 5-4 所示的矩形框。

（2）fillRect

fillRect 方法绘制并填充一个直角矩形框，定义如下：

```
public void fillRect(int x,int y,int width,int height)
```

其中，参数 x，y 指定矩形左上角的 X 轴坐标和 Y 轴坐标；参数 width 指定矩形的宽度（X 轴方向的长度）；参数 height 指定矩形的高度（Y 轴方向的长度）。与 drawRect 方法不同的是，它不仅仅绘制矩形框，还使用当前颜色填充这个矩形框。

（3）drawRoundRect

drawRoundRect 方法绘制一个圆角的矩形框，定义如下：

```
public void drawRoundRect(int x,int y,int width,int height,
                          int arcWidth,int arcHeight)
```

其中，参数 x，y 指定矩形左上角的 X 轴坐标和 Y 轴坐标；参数 width 指定矩形的宽度（X 轴方向的长度）；参数 height 指定矩形的高度（Y 轴方向的长度）；参数 arcWidth 指定圆角的水平弧度；参数 arcHeight 指定圆角的垂直弧度。调用方法 drawRoundRect(10,10,20,10,4,4) 得到如图 5-5 所示的圆角矩形框。

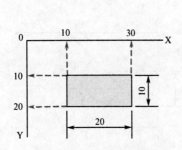

图 5-4　绘制直角矩形框

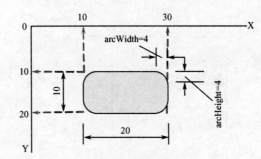

图 5-5　绘制圆角矩形框

（4）fillRoundRect

fillRoundRect 方法绘制并填充一个圆角的矩形区域，定义如下：

```
public void fillRoundRect(int x,int y,int width,int height,
                          int arcWidth,int arcHeight)
```

其中，参数 x，y 指定矩形左上角的 X 轴坐标和 Y 轴坐标；参数 width 指定矩形的宽度（X 轴方向的长度）；参数 height 指定矩形的高度（Y 轴方向的长度）；参数 arcWidth 指定圆角的水平弧度；参数 arcHeight 指定圆角的垂直弧度。与 drawRect 方法不同的是，它不仅仅绘制圆角矩形框，还使用当前颜色填充这个圆角矩形框。

绘制矩形的实例请参考例 5-2。

3. 绘制三角形

对于三角形，Graphics 类提供了一个绘制并填充三角形的方法，没有单独绘制边框的方法。

绘制并填充三角形方法定义如下：

```
public void fillTriangle(int x1,int y1,int x2,int y2,int x3,int y3)
```

其中，参数 x1，x2，x3 指定三个点的 X 轴坐标；参数 y1，y2，y3 指定三个点的 Y 轴坐标。

调用方法 fillTriangle(17,33,78,20,84,73)得到如图 5-6 所示的三角形。

虽然 Graphics 没有提供绘制三角形框的方法，但可以通过绘制三条直线的方法间接实现绘制三角形框，即调用三次 drawLine 方法来绘制。

4．绘制弧线

弧形是圆或椭圆的全部或一部分，而圆和椭圆都可以与特定矩形（或正方形）的 4 条边相切，为此我们在绘制弧形甚至圆和椭圆时，利用矩形确定位置和尺寸，然后再用角度限定弧形的长度。Graphics 类提供了两种方法。

（1）drawArc

drawArc 方法使用当前的画笔风格绘制一个弧形，定义如下：

```
public void drawArc(int x,int y,int width,int height,
                    int startAngle,int Angle)
```

其中，参数 x，y 表示外切矩形左上角的 X 轴坐标和 Y 轴坐标；参数 width 表示外切矩形的宽度（X 轴方向的长度）；参数 height 表示外切矩形的高度（Y 轴方向的长度）；参数 startAngle 表示弧形的起始角度；参数 Angle 表示弧形的旋转角度，0 度表示 X 轴的正方向，逆时针旋转的角度为正值，顺时针旋转的角度为负值。调用方法 drawArc(10,10,20,10,-45,90)得到如图 5-7 所示的弧形。

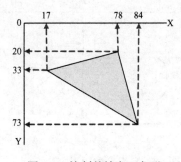

图 5-6　绘制并填充三角形

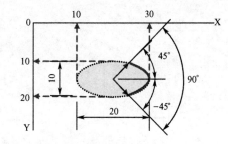

图 5-7　绘制弧形

（2）fillArc

fillArc 方法使用当前的画笔风格绘制一个弧形，并填充它与中心点之间的区域，定义如下：

```
public void fillArc(int x,int y,int width,int height,
                    int startAngle,int Angle)
```

其中，参数 x，y 指定外切矩形左上角的 X 轴坐标和 Y 轴坐标；参数 width 指定外切矩形的宽度（X 轴方向的长度）；参数 height 指定外切矩形的高度（Y 轴方向的长度）；参数 startAngle 指定弧形的起始角度；参数 Angle 指定弧形的旋转角度，0 表示 X 轴的正方向，逆时针旋转的角度为正值，顺时针旋转的角度为负值。与 drawArc 方法不同的是，它不仅绘制弧形，还使用当前颜色填充它与中心点之间的区域。对于圆弧来说，中心点就是圆心；对于椭圆弧来说，中心点是椭圆长轴与短轴的交点。

绘制弧形的实例请参考例 5-2。

5．区域复制

在 Graphics 类中除了可以利用上述方法绘制各种图形之外，还可以直接复制一个指定的区域，然后将其绘制到其他地方。其方法定义如下：

```
public void copyArea(int x_src,int y_src,int width,int height,
                     int x_dest,int y_dest,int anchor)
```

其中，参数 x_src 和 y_src 指定被复制区左上角坐标；参数 width 和 height 指定被复制区域的宽和高；参数 x_dest 和 y_dest 指定目标区定位点坐标；参数 anchor 指定目标区定位点（关于定位点的概念参见 5.2.2 节）。

注意：如果 Graphics 对象的目标是显示设备，则会触发 illegalStateException 异常。也就是说，不能对 Canvas 中的 Graphics 调用 copyArea()方法，只能对从 Image 类型的对象中获取的 Graphics 进行复制。

例 5-2 绘制简单图形的综合实例。

程序名：DrawGraphicsMIDlet.java

```java
import javax.microedition.lcdui.Canvas;
import javax.microedition.lcdui.Command;
import javax.microedition.lcdui.CommandListener;
import javax.microedition.lcdui.Display;
import javax.microedition.lcdui.Displayable;
import javax.microedition.lcdui.Graphics;
import javax.microedition.lcdui.List;
import javax.microedition.midlet.MIDlet;
import javax.microedition.midlet.MIDletStateChangeException;
public class DrawGraphicsMIDlet extends MIDlet implements CommandListener{
    private List list;
    private GraphicsCanvas canvas;
    private Display display;
    // 定义4种图形绘制
    String[] graphicsType ={"Draw Line",
                            "Draw Rect",
                            "Draw Triangle",
                            "Draw Arc"};
    // 返回命令
    private Command backCommand=new Command("Back",Command.BACK,1);
    // 退出命令
    private Command exitCommand=new Command("Exit",Command.EXIT,1);
    public DrawGraphicsMIDlet(){
        // TODO Auto-generated constructor stub
        list=new List("Graphics",List.IMPLICIT,graphicsType,null);
        display=Display.getDisplay(this);
    }
    protected void destroyApp(boolean arg0) throws
            MIDletStateChangeException{
        // TODO Auto-generated method stub
    }
```

```java
    protected void pauseApp(){
        // TODO Auto-generated method stub
    }
    protected void startApp() throws MIDletStateChangeException{
        // TODO Auto-generated method stub
        list.addCommand(exitCommand);
        list.setCommandListener(this);
        display.setCurrent(list);
    }
    public void commandAction(Command c,Displayable d){
        // TODO Auto-generated method stub
        if(c==List.SELECT_COMMAND){
            int index=list.getSelectedIndex();
            // 获取自定义 Canvas 类的实例
            if(canvas==null){
                canvas=new GraphicsCanvas();
                canvas.addCommand(backCommand);
            }
            canvas.setType(index);
            canvas.setCommandListener(this);
            display.setCurrent(canvas);
        } else if(c==backCommand){
            list.setCommandListener(this);
            display.setCurrent(list);
        } else if(c==exitCommand){
            notifyDestroyed();
        }
    }
    /**
     * 自定义 Canvas 类
     */
    class GraphicsCanvas extends Canvas{
        /**
         * graphicsType=0: 绘制直线
         * graphicsType=1: 绘制矩形
         * graphicsType=2: 绘制三角形
         * graphicsType=3: 绘制弧线
         */
        private int graphicsType;
        /**
         * 设置要显示的图形类型
         * @param type 图形类型
```

```java
    */
    public void setType(int type){
        graphicsType=type;
    }
    protected void paint(Graphics g){
        // TODO Auto-generated method stub
        // 设置颜色
        g.setColor(0x4169E1);
        switch(graphicsType){
          case 0:
              g.setColor(255,255,255);
              g.fillRect(0,0,getWidth(),getHeight());
              g.setColor(0,0,255);
              // 绘制一条实线
              g.setStrokeStyle(Graphics.SOLID);
              g.drawLine(10,120,200,120);
              // 绘制一条虚线
              g.setStrokeStyle(Graphics.DOTTED);
              g.drawLine(10,200,200,150);
              break;
          case 1:
              g.setColor(255,255,255);
              g.fillRect(0,0,getWidth(),getHeight());
              g.setColor(0,255,0);
              // 绘制一个直角矩形
              g.drawRect(10,120,80,50);
              // 填充一个直角矩形
              g.fillRect(120,120,80,50);
              // 绘制一个圆角矩形
              g.drawRoundRect(10,200,80,50,15,15);
              // 填充一个圆角矩形
              g.fillRoundRect(120,200,80,50,15,15);
              break;
          case 2:
              g.setColor(255,255,255);
              g.fillRect(0,0,getWidth(),getHeight());
              g.setColor(255,0,0);
              // 填充一个三角形
              g.fillTriangle(110,100,10,200,210,200);
              break;
          case 3:
              g.setColor(255,255,255);
```

```
            g.fillRect(0,0,getWidth(),getHeight());
            g.setColor(0,0,255);
            // 绘制一个弧形
            g.drawArc(20,120,150,100,30,110);
            // 填充一个弧形
            g.fillArc(20,200,150,100,60,110);
            break;
        }
    }
}
```

运行后，首先显示可绘制图形列表，如图 5-8 所示；可以进一步选择选项，显示各种图形绘制效果，直线如图 5-9 所示，矩形如图 5-10 所示，三角形如图 5-11 所示，弧形如图 5-12 所示。

图 5-8　绘制图形列表

图 5-9　绘制直线

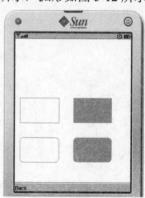

图 5-10　绘制矩形

熟练使用上述方法可以画出很多有意思的图形。

例 5-3　使用画圆弧的方法画出一张笑脸，如图 5-13 所示。基本思路如下：

（1）调用 fillRect()方法，先画一个矩形，覆盖整个画布。

（2）调用 drawArc()或 fillArc()方法，画一个圆，作为笑脸轮廓。

（3）调用 fillArc()方法，画出两个眼睛。

（4）最后画出嘴巴。

图 5-11　绘制三角形

图 5-12　绘制弧形

图 5-13　画一张笑脸

程序名：ArcFace.java

```java
import javax.microedition.midlet.*;
import javax.microedition.lcdui.*;
public class ArcFace extends MIDlet implements CommandListener{
    private Display display;
    private myCanvas canvas;
    public ArcFace(){
        canvas=new myCanvas();
        display=Display.getDisplay(this);
        display.setCurrent(canvas);
    }
    public void startApp(){}
    public void pauseApp(){}
    public void destroyApp(boolean unconditional){}
    public void commandAction(Command c,Displayable d){}
    //定义一个 Canvas 类
    public class myCanvas extends Canvas{
        public void myCanvas(){}
        public void showNotify(){}
        public void hideNotify(){}
        public void paint(Graphics g){
            g.setColor(255,255,255);
            g.fillRect(0,0,getWidth(),getHeight());
            //画一个与画布尺寸一致的矩形，清屏
            g.setColor(50,50,50);
            g.drawArc(20,20,getWidth()-60,getWidth()-60,180,360);
            //画笑脸的轮廓
            g.setColor(0,0,0);//设置颜色为黑色
            g.fillArc(80,80,10,10,180,360);
            g.fillArc(getWidth()-100,80,10,10,180,360);
            g.setColor(255,0,255);
            g.fillArc(getWidth()/2-20,getHeight()/2-20,25,25,180,180);
        }
    }
}
```

5.2.2 绘制文本

在高级用户界面中，文本处理是由控件本身完成的，而在低级用户界面中，文本的显示需要程序开发者定义绘制过程。可以控制文本的字体、大小、颜色和布局。但是 Java ME 规范没有标准 Java 的 FontMetrics 类，因此字体控制的程度受到限制，只能控制字体的外观、大小和风格三个方面。本节将介绍如何在屏幕上绘制文本。

1. Font 类

Graphics 类在绘制文本之前，可以设置文字的字体，定制文字的表现效果，设置方法如下：

```
public void setFont(Font font)
```

其中，参数 font 是某种字体的实例。

MIDP 中定义字体的类是 Font 类，Font 类定义了三个字体属性：外观、风格和尺寸。

（1）外观（FACE）

MIDP 规定了三种外观：

- FACE_SYSTEM　代表系统外观；
- FACE_MONOSPACE　等宽字体类型，这种字体宽度一样；
- FACE_PROPORTIONAL　均衡字体类型，这种字体的宽度由字符的自然情况决定。

使用 getFace()方法可以获得当前字体的外观，返回值为上述三种外观的一种。

（2）风格（STYLE）

MIDP 定义了 4 种风格：普通、加粗、斜体和下划线，对应的常量是：STYLE_PLAIN、STYLE_BOLD、STYLE_ITALIC 和 STYLE_UNDERLINED。

使用 getStyle()方法可以获得当前字体的风格，返回值为上述三种外观中的一种或它们的组合。也可以通过方法 isPlain()、isBold()、isItalic()和 isUnderlined()方法判断是否为某种风格。

（3）尺寸（SIZE）

MIDP 定义了字体的尺寸有三种：小字体、中字体和大字体，对应的常量是 SIZE_SMALL、SIZE_MEDIUM 和 SIZE_LARGE。

使用 getSize()方法可以获得当前字体的尺寸，返回值为上述三种尺寸的一种。

（4）Font 类提供的获取和设置字体的方法

获得系统默认字体的方法：

```
getDefaultFont()
```

在指定当前字体前，必须先获得要指定字体的实例。Font 类的 getFont()方法可以获得字体实例，定义如下：

```
public static Font getFont(int face,int style,int size)
```

功能：在参数中指定字体的外观、样式和尺寸，返回值就是字体的实例。外观和尺寸只能选择一种类型，而风格可以同时选择多个，用"|"分隔即可。

Font 类还提供了其他方法：

```
getBaseLinePosition()
```

功能：获得从文本的顶部到基线的距离。

```
charWidth(char c)
```

功能：获得当前字体指定字符的宽度方法。

```
charWidth(char[],int offset,int len)
```

功能：获得当前字体指定字符数组的宽度。

```
stringWidth(String s)
```

功能：获得当前字体指定字符串的宽度。

```
substringWidth(String s,int offset,int len)
```

功能：获得当前字体指定字符串的子串宽度。

2. 文本绘制方法

前面提到每一种字体都对应着一系列的图像。Graphic 类提供了 4 种绘制文本的方法，它们的定义及使用方法如下。

（1）drawString

该方法负责绘制一个字符串，定义为：

```
public void drawString(String s,int x,int y,int anchor)
```

其中，参数 s 指定待绘制的字符串，如果 s 为空，则产生 NullPointerException 异常；参数 x，y 指定绘制基点的 X 轴坐标和 Y 轴坐标；参数 anchor 指定基点，也叫定位点。

MIDP 规范定义了基点的概念，它用于计算文本放置的位置。文本字符都是一个矩形的图像，基点就是矩形的一个关键点，确定了基点也就确定了文本的位置。在绘制文本的方法中，需要基点的参数 anchor，它的取值可以由两部分组成，分别表示水平位置和垂直位置。

水平位置的取值：LEFT、HCENTER 和 RIGHT；

垂直位置的取值：TOP、BASELINE 和 BOTTOM。

文本字符都位于这个矩形框内。为了显示的美观，矩形框的上下边缘都需要有一定的空间，于是产生了基线（BASELINE）的概念，主要字符的底边位于基线上。因此，Font 类提供了 getBaselinePosition()方法，该方法可以获得当前基线到矩形顶部的距离（像素个数）。

水平位置的三种取值对应三条垂直线，垂直位置的三种取值对应三条水平直线，分别在相交的 9 个位置，标示出了 9 个常量值，就是说，基点可以有 9 种取值，如图 5-14 所示。

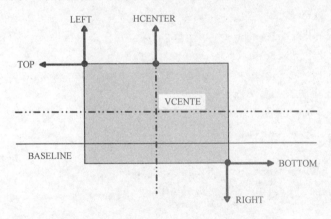

图 5-14　基点示意图

（2）drawSubstring

该方法负责绘制一个字符串中的若干字符，定义为：

```
public void drawSubstring(String s,int offset,int length,
                          int x,int y,int anchor)
```

其中，参数 s 指定待绘制的字符串，参数 offset 指定子字符串的偏移量，参数 length 指定子字符串的长度，x，y 指定绘制基点的 X 轴坐标和 Y 轴坐标，参数 anchor 指定基点。

该方法的含义是，将从字符串 s 的第 offset 个字符开始的长度为 length 的子字符串绘制在画布上。如果 s 为空，则产生 NullPointerException 异常；如果 offset 和 length 超过字符串 s 的长度，则产生 StringIndexOutofBoundException 异常。

（3）drawChar

该方法负责绘制一个字符，定义为：

```
public void drawChar(Char c,int x,int y,int anchor)
```

其中，参数 c 指定待绘制的字符；参数 x,y 指定绘制基点的 X 轴坐标和 Y 轴坐标，参数 anchor 指定基点。

（4）drawChars

该方法负责绘制字符数组中的若干字符，定义为：

```
public void drawChars(Char[] s,int offset,int length,
                      int x,int y,int anchor)
```

图 5-15　例 5-4 图

其中，参数 s 指定待绘制的字符数组；参数 offset 指定子字符串的偏移量；参数 length 指定子字符串的长度；参数 x，y 指定绘制基点的 X 轴坐标和 Y 轴坐标；参数 anchor 指定基点。

该方法的含义是，将从字符数组 s 的第 offset 个字符开始的长度为 length 的子字符串绘制在画布上。如果 s 为空，则产生 NullPointerException 异常；如果 offset 和 length 超过字符串 s 的长度，则产生 ArrayIndexOutofBoundException 异常。

例 5-4　文本绘制方法的使用，如图 5-15 所示。建立一个 myCanvas 类作为 Canvas 类的子类，在 paint()方法中定制并显示多个字符串。在 MIDlet 程序 DrawText.java 中显示 myCanvas 类的对象。

程序名：DrawText.java

```
import javax.microedition.midlet.*;
import javax.microedition.lcdui.*;
public class DrawText extends MIDlet implements CommandListener{
    private Display display;
    private myCanvas canvas;
    public DrawText(){
        canvas=new myCanvas();
        display=Display.getDisplay(this);
        display.setCurrent(canvas);
    }
    public void startApp(){}
    public void pauseApp(){}
    public void destroyApp(boolean unconditional){}
    public void commandAction(Command c,Displayable d){}
    //定义一个 Canvas 类
    public class myCanvas extends Canvas{
        public void myCanvas(){}
        public void showNotify(){}
        public void hideNotify(){}
        public void paint(Graphics g){
            g.setColor(255,255,255);
```

```
            g.fillRect(0,0,getWidth(),getHeight());//绘制矩形，清屏
            g.setColor(120,18,210);//设置颜色
            g.setFont(Font.getFont(Font.FACE_PROPORTIONAL,
                                Font.STYLE_BOLD,Font. SIZE_LARGE));
            g.drawString("学习绘制文本",100,20,
                                Graphics.BOTTOM|Graphics.LEFT);
            g.setFont(Font.getFont(Font.FACE_SYSTEM,Font.STYLE_ITALIC,
                                Font.SIZE_ MEDIUM));
            g.drawString("学习绘制文本",100,40,
                                Graphics.TOP|Graphics.RIGHT);
            g.setFont(Font.getFont(Font.FACE_MONOSPACE,
                                Font.STYLE_UNDERLINED,Font.SIZE_SMALL));
            g.drawString("学习绘制文本",100,80,
                                Graphics.BOTTOM|Graphics.HCENTER);
            g.setFont(Font.getFont(Font.FACE_MONOSPACE,
                                Font.STYLE_PLAIN,Font. SIZE_SMALL));
            g.drawString("学习绘制文本",100,110,
                                Graphics.BASELINE| Graphics.HCENTER);
        }
    }
}
```

5.2.3　图像绘制

可以调用 Graphics 类的以下方法来实现图像绘制：
```
    void drawImage(Image img,int x,int y,int anchor)
```
其中，参数 image 指定要绘制的图像，参数 x 和 y 指定定位点的坐标，参数 anchor 指定定位点，使用方法与 5.2.2 节完全一致。

Image 类对象分为可变和不可变两种类型的，不可变的 Image 是从资源文件、二进制数据、RGB 数值及其他 Image 直接创建的。一旦创建完成，Image 就无法再改变。

可变的 Image 以给定显示面积的大小来创建，可变图像从缓存而来，它是可以修改的，创建后可以被程序使用。一般放在 Alert、Choice、Form 和 ImageItem 控件中的图像是不可变的。

1. 可变图像

可变的 Image 类对象和 Font 类对象一样不能用 new 方法直接创建，需要调用 Image.createImage(int width,int height)方法来创建，需要指定宽度参数 width 和高度参数 height。可变图像只能存放于内存中，可以对可变图像进行修改。

一旦创建 Image 类对象后，就可以由对象调用 isMutable( )判断对象是否是可变的；调用 getWidth()方法，获得图像宽度；调用 getHeight()方法，获得图像高度。

对于可变图像，Graphics 类提供了获取图形的 getGraphics( )方法，因此为了使用新创建的可变图像，还要使用下面语句通过 Image 类对象获得 Graphics 类对象：
```
    Graphics  g=image.getGraphics()
```

例 5-5 学习可变图像的创建、绘制和处理的方法。运行结果如图 5-16 所示。

程序名：**VImageMIDlet.java**

```
import javax.microedition.midlet.*;
import javax.microedition.lcdui.*;
public class VImageMIDlet extends MIDlet{
    private ImageCanvas canvas;
    private Display display;
    public VImageMIDlet(){
        canvas=new ImageCanvas();
    }
    protected void startApp() throws
        MIDletStateChangeException{
        display=Display.getDisplay(this);
        display.setCurrent(canvas);
    }
    protected void pauseApp(){}
    Protected void destroyApp(boolean arg0)
        throws MIDletStateChangeException{
    }
    public class ImageCanvas extends Canvas{
        private Image image;
        private Graphics newg;
        int h,w;
        public ImageCanvas(){
            //产生一个可变图像，并初始化这个图像
            image=Image.createImage(100,100);
            //要使用该图像，必须获取 Graphics 对象引用
            newg=image.getGraphics();
            //获取当前剪辑区的宽度和高度
            w=newg.getClipWidth();
            h=newg.getClipHeight();
            //设置当前颜色
            newg.setColor(100,100,100);
            //填充矩形区域
            newg.fillRect(0,0,w,h);
            newg.setColor(255,255,255);
            newg.fillArc(w/4,h/4,w/2,h/2,180,360);
        }
        public void paint(Graphics g){
            //绘制与画布尺寸一致的矩形
            g.setColor(255,255,255);
            g.fillRect(0,0,getWidth(),getHeight());
```

图 5-16 可变图像

```
        newg.setColor(0,0,0);
        newg.fillArc(3*w/8,3*h/8,w/16,h/16,180,360);
        newg.fillArc(5*w/8,3*h/8,w/16,h/16,180,360);
        newg.fillArc(7*w/16,h/2,w/8,h/8,180,180);
        g.drawImage(image,getWidth()/2,getHeight()/2,
                    Graphics.HCENTER| Graphics.VCENTER);
    }
  }
}
```

2. 不可变图像

不可变图像的 Image 类对象通过下述三种方法创建：

```
public static ImagecreateImage(Image source)
public static ImagecreateImage(String name)
public static Image createImage(byte[] imageData,int imageOffset,
                                int imageLength)
```

第一种方法从源图像创建不可变图像。如果原图像是可变的，则返回一个不可变图像的副本；如果原图像是不可变的，则该方法不产生任何图像。

第二种方法从指定的路径中读取需要创建 Image 所必需的数据。注意，参数中的字符串必须以 "/" 打头，并且包括完整的路径名称。

第三种方法从一个存储于字节数组的不可变图像创建不可变图像。数组中存放的图像必须是系统支持的格式，如 PNG 格式。该方法主要用于从外部资源中装入图像，如从数据库或网络中装入图像。参数 imageOffset 和 imageLength 指定了字节数组的一定范围。使用方法如下：

```
Byte[] imageData=              //获取图像数据
Image image=Image.createImage(imageData,0,imageDataLength-1);
g.drawImage(image,100,100,RIGHT|VCENTER);
```

在 Graphics 类对象中绘制的图像不受当前颜色、字体的影响，但受绘制区域的影响。Graphics 类对象中可以对图像进行精确控制，因此可以利用区域或 repaint( )方法制作一些有效果的图像，如以图像为帧元素的动画等。

例 5-6 学习不可变图像的创建和使用方法，如图 5-17 所示。

程序名：**ImagePicture.java**

```
import javax.microedition.midlet.*;
import javax.microedition.lcdui.*;
public class ImagePicture extends MIDlet{
    private ImageCanvas canvas;
    private Display display;
    public ImagePicture(){
        canvas=new ImageCanvas();
    }
    protected void startApp() throws MIDletStateChangeException{
        display=Display.getDisplay(this);
```

图 5-17　不可变图像

```
            display.setCurrent(canvas);
        }
    protected void pauseApp(){}
    protected void destroyApp(boolean arg0)
                throws MIDletStateChangeException{}
    public class ImageCanvas extends Canvas{
        public void paint(Graphics g){
            try{
                Image image=Image.createImage("/image1.png");
                g.drawImage(image,0,0,Graphics.TOP|Graphics.LEFT);
            }catch(Exception e){
                e.printStackTrace();
            }
        }
    }
}
```

例 5-7　使用多幅图片，显示出动画效果，如图 5-18 所示。在绘制一幅图片后，可以调用多线程的 run()方法绘制下一幅图片，这样，用户看到的整个画面就是活动的动画效果。本例使用了 11 张图片，存储在资源目录中。

程序名：**Weather.java**

图 5-18　动画效果图之一

```
import javax.microedition.midlet.*;
import javax.microedition.lcdui.*;
public class Weather extends MIDlet implements CommandListener{
    private Display display;
    private WeatherCanvas MyCanvas;
    private Command cmdExit=new Command("Exit",Command.SCREEN,1);
    public  Weather(){
        //获取 MIDlet 的 Display 对象
        display=Display.getDisplay(this);
        //创建动画画布
        MyCanvas=new WeatherCanvas();
        //为画布添加退出软键
        MyCanvas.addCommand(cmdExit);
        //为画布添加软键事件监听器
        MyCanvas.setCommandListener(this);
    }
    public void startApp() throws MIDletStateChangeException{
        //显示画布
        Display.getDisplay(this).setCurrent(MyCanvas);
        //启动画布线程
        MyCanvas.startAnimation();
```

```java
    }
    public void pauseApp(){}
    public void destroyApp(boolean unconditional){}
    public void commandAction(Command c,Displayable d){
        if(c==cmdExit){
            destroyApp(true);
            notifyDestroyed();
        }
    }
}
class WeatherCanvas extends Canvas implements Runnable{
    //创建动画图片
    private Image img[]=new Image[11];
    private int currentFrame;
    public WeatherCanvas(){
        try{
            //加载图片资源
            for(int i=1;i<12;i++){
                img[i-1]=Image.createImage("/"+i+".png");
            }
        }catch(Exception e){
            System.out.println(e);
        }
        currentFrame=0;
    }
    public void paint(Graphics g){
        //清空屏幕
        g.setColor(0x00ffffff);
        g.fillRect(0,0,getWidth(),getHeight());
        //画图
        g.drawImage(img[currentFrame],getWidth()/2,getHeight()/2,
                g.HCENTER|g.VCENTER);
    }
    public void startAnimation(){
        //调用重绘方法
        repaint();
        //请求同步
        display.callSerially(this);
    }
    public void run(){
        try{
        //休眠200毫秒
        Thread.sleep(200);
```

```
            //改变当前显示的图片
            currentFrame=(currentFrame+1)%11;
            //调用重绘方法
            repaint();
            //请求同步
            display.callSerially(this);
        }catch(Exception e){
            System.out.println(e);
        }
    }
  }
}
```

5.2.4　计时器

如果在适当的场合使用一些动画，无疑将大大提高应用程序的视觉效果。为实现动画还要学习一些 Timer 类和 TimerTask 类的知识。下面就结合 Timer 类和 TimerTask 类讨论动画的设计思想和方法。

Timer 类和 TimerTask 类都在 Java.until 包中，继承关系如图 5-19 所示。

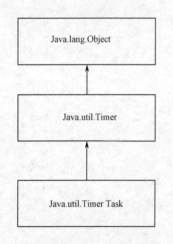

图 5-19　Timer 类与 TimerTask 类
　　　　继承关系图

1. TimerTask 类

TimerTask 类是用户定义的一切需要被调度任务的抽象基类，它代表了被计时器进行时间控制的任务。它提供如下重要方法：

```
public abstract void run()
```
功能：完成该计时任务的动作。

```
public boolean cancel()
```
功能：取消计时任务。

注意：如果任务已经被计时规划但尚未运行，或仍未被计时规划，则该任务不会执行；如果任务被计时规划为按照指定的时间间隔执行，则该计时任务将不再执行；如果任务正在执行，调用该方法，任务会继续执行，但不会再次执行。

```
public long scheduledExecutionTime()
```
功能：获取计时任务执行的时间。

通过调用该方法，可以判断是否能够按时执行该任务。

用户定义一个任务就是定义一个 TimerTask 的子类，并实现 run()方法。

例如，用户可使用下列代码定义一个 MyTask 任务：

```
import java.util.*;
public class MyTask extends TimeTask{
    public void run(){…}
}
```

2. Timer 类

Timer 类代表了一个实现后台控制的线程，通过该线程控制执行的时间段，还可以控制有规律的时间间隔的执行。每一个 Timer 类对象都是一个执行后台时间控制的线程，当最后一个对象的引用被撤消后，执行时间控制的 Timer 类对象就会被垃圾回收器销毁。如果想立即结束 Timer 类对象的时间控制对象的任务，可调用 Cancel( )方法实现。

该类具有线程级安全，不需要外部同步，就可以实现多线程共享一个 Timer 类对象。

Timer 类在任务执行期间，提供各种方法负责创建和管理线程。主要方法如下。

（1）安排任务的方法 schedule

有 4 种重载形式：

```
public void schedule(TimerTask task,long delay)
```

功能：按指定时间安排指定任务执行，参数 delay 指定任务执行之前的延迟时间，以毫秒为单位。

```
public void schedule(TimerTask task,Date time)
```

功能：按指定时间安排指定任务执行。如果时间已过，则任务立刻执行。

```
public void schedule(TimerTask task,long delay,long period)
```

功能：按指定时间间隔安排指定任务执行。任务在指定的延迟时间后开始执行，随后的执行按照指定的时间间隔执行。

```
public void schedule(TimerTask task,Date firstTime,long period)
```

功能：按指定时间间隔安排指定任务执行。任务在指定的时间点开始执行，随后的执行按照指定的时间间隔执行。

（2）按指定时间安排指定任务重载的方法

有两个方法：

```
public void scheduleAtFixedRate(TimerTask task,long delay,long period)
```

功能：按指定时间间隔安排指定任务执行。任务在指定的延迟时间 delay 后开始执行，随后的执行按照指定的时间间隔 period 执行。

```
public void scheduleAtFixedRate(TimerTask task,Date firstTime,
                                long period)
```

功能：按指定时间间隔安排指定任务执行。任务在指定的时间点 firstTime 开始执行，随后的执行按照指定的时间间隔 period 执行。

这两个方法和前面的有些相似，但还是有些细微的区别：使用 schedule( )方法，若某个任务被延误了，则后面的任务也会被延误；使用 scheduleAtFixedRate( )方法，若第一个任务被延误了，则后面的任务会加快执行，以抵消延误的时间，从长时间角度衡量的话，这个方法在时间上更准确。

（3）解除当前安排任务的方法

```
public void cancel()
```

功能：该方法用于终止计时器，解除任何当前时间控制的任务。对该方法的调用不会影响当前正在执行的任务。一旦计时器终止，相应的执行线程也被终止，并且该计时器不能对任何任务进行时间控制。

图 5-20 下雪效果

（4）Timer 类调用 run( )方法来完成各个任务

每一个 Timer 类对象都会创建并管理一个后台线程。在一般情况下，创建一个 Timer 类对象就够了，当然可以根据需要创建多个。可以调用 cancel( )方法在任何时候停止一个 Timer 类对象，并终止后台线程。

例 5-8 利用 TimerTask 类和 Timer 类实现模拟下雪的动画效果，雪花用短线表示，下雪效果如图 5-20 所示。本例包括三个类，Canvas 的子类 Snow 模拟雪花的飘落；TimerTask 的子类 SnowMover 实现定义任务；MIDlet 的子类 SnowTimer 调用 schedule 方法，实现定时执行任务。SnowTimer 类定义了 Timer 类对象 timer 来执行一个 TimerTask 任务，时间间隔为 100 毫秒。这个任务处理雪花的更新和重绘任务，使雪花不断地落下。

程序名：SnowTimer.java

```java
import javax.microedition.midlet.*;
import javax.microedition.lcdui.*;
import java.util.*;
public class SnowTimer extends MIDlet{
    Display display;
    Snow snow=new Snow();
    SnowMover mover=new SnowMover();
    Timer timer=new Timer();
    public SnowTimer(){
        display=Display.getDisplay(this);
    }
    protected void destroyApp(boolean unconditional){}
    protected void startApp(){
        display.setCurrent(snow);
        timer.schedule(mover,100,100);
    }
    protected void pauseApp(){}
    public void exit(){
        timer.cancel();
        destroyApp(true);
        notifyDestroyed();
    }
    //定义TimerTask的子类
    class SnowMover extends TimerTask{
        public void run(){
            snow.scroll();
        }
    }
}
```

```java
//绘制画布
class Snow extends Canvas{
    int height;
    int width;
    int[] snows;
    Random generator=new Random();
    boolean painting=false;
    public Snow(){
        height=getHeight();
        width=getWidth();
        snows=new int[ height ];
        for(int i=0;i<height;++i){
            snows[i]=-1;
        }
    }
    public void scroll(){
        if(painting) return;
        for(int i=height-1;i>0;--i){
            snows[i]=snows[i-1];
        }
        snows[0]=(generator.nextInt() % (3*width))/2;
        if(snows[0]>=width){
            snows[0]=-1;
        }
        repaint();
    }
    protected void paint(Graphics g){
        painting=true;
        g.setColor(120,120,120);
        g.fillRect(0,0,width,height);
        g.setColor(255,255,255);
        for(int y=0; y<height; ++y){
            int x=snows[y];
            if(x==-1) continue;
                g.drawLine(x,y,x+2,y+2);
        }
        painting=false;
    }
    protected void keyPressed(int keyCode){exit();}
}
}
```

5.3 低级事件处理

在低级 J2ME 应用程序中，有两种技术可以接收用户的输入。一种技术是利用 Command 类，这种技术与高级用户界面相同。另一种技术是利用低级用户输入组件产生低级用户事件。这种事件包括标准键盘事件、游戏动作按键事件和指针事件。

5.3.1 标准键盘事件

在小型计算设备上使用的是 ITU-T 键盘。键盘上每一个按键被映射为一组标准按键编码，其对应关系见表 5-1。

表 5-1 键码分配表

按 键 名 称	ITU-T 键名称	按键代码常量	值
0	0	KEY_NUM0	48
1	1	KEY_NUM1	49
2	2	KEY_NUM2	50
3	3	KEY_NUM3	51
4	4	KEY_NUM4	52
5	5	KEY_NUM5	53
6	6	KEY_NUM6	54
7	7	KEY_NUM7	55
8	8	KEY_NUM8	56
9	9	KEY_NUM9	57
星号	*	KEY_STAR	42
井号	#	KEY_POUND	35

MIDP 规范定义了三种按键事件激活的方法，它们的原型如下：

```
protected void keyPressed(int keyCode)
protected void keyReleased(int keyCode)
protected void keyRepeated(int keyCode)
```

当某个键被按下时，keyPressed( )方法被调用；当某个键被释放时，keyReleased( )方法被调用；当在很短的时间内相同的按键被多次按下时，就产生了重复按键事件，keyRepeated( )方法被调用。注意，不是所有的设备都支持重复按键事件，因此在使用该事件前要检查一下，当前设备是否支持重复按键事件，其方法定义如下：

```
public boolean hasRepeatedEvents()
```

功能：返回 true 表示系统支持重复按键事件，返回 false 表示不支持。

例 5-9　标准按键事件的使用。

程序名：StandardKeyEvent.java

```
import javax.microedition.midlet.*;
import javax.microedition.lcdui.*;
public class StandardKeyEvent extends MIDlet{
```

```
        private Display display;
        public StandardKeyEvent(){
            display=Display.getDisplay(this);
        }
        protected void startApp() throws MIDletStateChangeException{
            MyCanvas mc=new MyCanvas() ;
            display.setCurrent(mc) ;
        }
        protected void pauseApp(){}
        protected void destroyApp(boolean arg0)
                    throws MIDletStateChangeException{}
        class MyCanvas extends Canvas{
            String str="" ;
            public void paint(Graphics g){
                // 清除屏幕
                g.setColor(255,255,255) ;
                g.fillRect(0,0,getWidth(),getHeight()) ;
                g.setColor(0,0,0) ;
                // 检查是否支持重复按键行为
                if(hasRepeatEvents()){
                    g.drawString("支持重复按键",10,10,0) ;
                }else{
                    g.drawString("不支持重复按键",10,10,0) ;
                }
                g.drawString(str,10,20,0) ;
            }
            protected void keyPressed(int keyCode){
                str="按下了:" + (char)keyCode+"键" ;
                repaint();
            }
            protected void keyReleased(int keyCode){
                str="按下了后又:" + (char)keyCode+"键被释放" ;
                repaint();
            }
            protected void keyRepeated(int keyCode){
                str ="重复按下了:" + (char)keyCode +"键";
                repaint();
            }
        }
    }
```

如图 5-21 所示，运行结果表示按下数字 5 键，然后释放。重复
按键，实际是按键的时间比较长，将显示"重复按下了 5 键"。

图 5-21　例 5-9 图

5.3.2　游戏动作按键事件

低级用户界面 API 主要用于游戏开发，Canvas 类提供了处理游戏动作的方法。将游戏按键动作映射到设备的合适键盘上。通常，导航（上、下、左、右）键对应游戏中的相应动作键，并且选中键对应开火射击。但在不同的设备中，这种对应关系不是固定的，实际的按键也可能有所不同，为了保证程序的可移植性，Canvas 类定义了游戏动作的键值，见表 5-2，可以使用动作代码常量代替键值。

每个按键值只能映射到一个游戏动作上，一个游戏动作可以与若干个按键代码关联使用。

方法：

```
public int getGameAction(int keyCode)
```

将代表按键的代码 keyCode 转化为动作代码常量。如果按键代码没有相对应的游戏动作，则返回 0。

相反，方法：

```
public int getKeyCode(int gameAction)
```

将游戏动作 gameAction 转化为按键代码。

例 5-10　使用游戏动作代替按键实现飞机的向上、向下、向左、向右移动，如图 5-22 所示。

表 5-2　游戏动作的键值

动 作 名 称	动作代码常量	键　　值
向上	UP	1
向下	DOWN	6
向左	LEFT	2
向右	RIGHT	5
选择/发射	FIRE	8
游戏按键 A	GAME_A	9
游戏按键 B	GAME_B	10
游戏按键 C	GAME_C	11
游戏按键 D	GAME_D	12

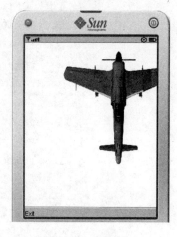

图 5-22　飞机移动

程序名：PlaneGameActionExample.java

```
import javax.microedition.midlet.*;
import javax.microedition.lcdui.*;
public class PlaneGameActionExample extends MIDlet{
    private Display display;
    private MyCanvas canvas;
    public PlaneGameActionExample(){
        //获取 MIDlet 的 Display 对象实例
        display=Display.getDisplay(this);
        //声明 Canvas 屏幕对象
        canvas= new MyCanvas(this);
    }
    protected void startApp(){
```

```java
        //显示屏幕对象
        display.setCurrent(canvas);
    }
    protected void pauseApp(){}
    protected void destroyApp(boolean unconditional){}
        public void exitMIDlet(){
            destroyApp(true);
            notifyDestroyed();
        }
    }
    class MyCanvas extends Canvas implements CommandListener{
        private Command exit;
        //声明图片对象
        private Image plane;
        private PlaneGameActionExample gameActionExample;
        private int x,y;
        public MyCanvas(PlaneGameActionExample gameActionExample){
            //设置飞机图片显示的起始位置
            x=getWidth()/2;
            y=getHeight()/2;
            try{
                //获得图像文件
                plane=Image.createImage("/plane.png");
            }catch(Exception e){}
            this.gameActionExample=gameActionExample;
            exit=new Command("Exit",Command.EXIT,1);
            addCommand(exit);
            setCommandListener(this);
        }
        protected void paint(Graphics graphics){
            //填充屏幕
            graphics.setColor(255,255,255);
            graphics.fillRect(0,0,getWidth(),getHeight());
            graphics.setColor(255,0,0);
            //绘制飞机图像
            graphics.drawImage(plane,x,y,
                            graphics.HCENTER|graphics.VCENTER);
        }
        public void commandAction(Command command,Displayable displayable){
            if (command==exit){
                gameActionExample.exitMIDlet();
            }
```

```
        }
        //响应游戏动作
        protected void keyPressed(int key){
            //根据按键代码匹配对应的游戏动作，对应不同的动作，改变飞机的位置
            switch (getGameAction(key)){
                case Canvas.UP:
                    y=y-10;
                    break;
                case Canvas.DOWN:
                    y=y+10;
                    break;
                case Canvas.LEFT:
                    x=x-10;
                    break;
                case Canvas.RIGHT:
                    x=x+10;
                    break;
                case Canvas.FIRE:
                    break;
            }
            repaint();
        }
    }
}
```

5.3.3　指针事件

指针设备主要包括鼠标、手写笔和触摸屏。对于支持指针事件的硬件设备，指针是指可以接触屏幕的任何物体。MIDP 规范中定义了指针事件，它包括指针的按下、释放和拖动事件。对于每一个事件，都对应一个方法，当事件产生时，系统自动调用相应的方法，方法定义如下：

```
protected void pointerPressed(int x,int y)
protected void pointerReleased(int x,int y)
protected void pointerDragged(int x,int y)
```

其中，参数 x 指定指针被按下、释放或拖动时当前位置的 X 轴坐标；参数 y 指定指针被按下、释放或拖动时当前位置的 Y 轴坐标。在 Canvas 类中，这些方法是空方法，在 Canvas 子类需要使用这些方法时必须重载。

另外，Canvas 类还提供了以下方法：

```
boolean hasPointerEvents()
```

功能：判断设备是否支持指针按下和释放功能。

```
boolean hasPointerMotionEvents()
```

功能：检查当前设备是否支持指针拖动功能。

例 5-11 学习指针事件，运行结果如图 5-23 所示。

程序名：PointEvent.java

```java
import javax.microedition.midlet.*;
import javax.microedition.lcdui.*;
public class PointEvent extends MIDlet{
    private Display display;
    public PointEvent(){
        display=Display.getDisplay(this);
    }
    protected void startApp() throws MIDletStateChangeException{
        MyCanvas mc=new MyCanvas() ;
        display.setCurrent(mc) ;
    }
    protected void pauseApp(){}
    protected void destroyApp(boolean arg0)
                    throws MIDletStateChangeException{}
class MyCanvas extends Canvas{
    private Image image;
    private String s,str;
    private int X;
    private int Y;
    public MyCanvas(){
        s="";
        if (hasPointerEvents()){
            str="设备支持指针事件";
        } else{
            str="设备不支持指针事件";
        }
        try{
            image=Image.createImage("/cat.png");
        }catch(java.io.IOException e){}
    }
    public void paint(Graphics g){
        // 清除屏幕
        g.setColor(255,255,255);
        g.fillRect(0,0,getWidth(),getHeight());
        if (s==""){
            g.drawImage(image,getWidth()/2,getHeight()/2,
                    Graphics.HCENTER|Graphics.VCENTER);
        } else{
            g.drawImage(image,X,Y,
                    Graphics.HCENTER|Graphics.VCENTER);
```

图 5-23　例 5-11 图

```
            }
        g.setColor(0,0,0);
        g.drawString(str,20,20,g.TOP|g.LEFT);
    }
    public void pointerDragged(int x,int y){
        if(hasPointerMotionEvents()){  //判断设备是否支持指针拖动事件
            s="拖动";
        }
    }
    public void pointerPressed(int x,int y){
        if(hasPointerEvents()){
            str="设备支持指针事件";
        }
    }
    public void pointerReleased(int x,int y){
        if(hasPointerEvents()){
            X=x;
            Y=y;
            repaint();
        }
    }
}
```

本程序设计思想：

首先重载 pointerReleased( )方法。判断设备是否支持指针事件，如果支持，将释放点位置保存起来；同时重新绘制屏幕，这时，图片的位置转到释放点的新坐标位置。

图 5-24　乱画效果

在 paint( )方法中，首先绘制图片，如果支持指针事件，将在指针释放点重绘图片。使用的模拟器如果不支持指针事件，则显示不支持指针事件，而且上述功能不能实现。关于使用的模拟器是否支持指针事件，可以通过设置解决。

在这种情况下，可以修改 WTK 对 DefaultColorPhone 属性的设置，方法是：打开 WTK 的安装目录下的\wtklib\devices\DefaultColorPhone 中的 DefaultColorPhone.Propeties 文件对应的属性文件，将 touch_screen 属性设置为 true（原来设置为：touch_screen=false）。之后，更新 Eclipse 中的模拟设备。这样就可以在模拟器中用鼠标模拟触摸屏。

例 5-12　设计一个在触摸屏上乱画（Doodle）的程序，如图 5-24 所示。

程序名：Doodle.java

```
import javax.microedition.midlet.*;
import javax.microedition.lcdui.*;
```

```java
public class Doodle extends MIDlet{
    private Display display;
    private DoodleCanvas canvas;
    public Doodle(){
        //获取 MIDlet 的 Display 对象实例
        display=Display.getDisplay(this);
        //声明 Canvas 屏幕对象
        canvas= new DoodleCanvas(this);
    }
    protected void startApp(){
        display.setCurrent(canvas);
    }
    protected void pauseApp(){}
    protected void destroyApp(boolean unconditional){}
    public void exitMIDlet(){
        destroyApp(true);
        notifyDestroyed();
    }
}
/*------------------------
* 声明画布屏幕类 DoodleCanvas
*------------------------*/
class DoodleCanvas extends Canvas implements CommandListener{
    //声明软键对象
    private Command cmExit;
    private Command cmClear;
    //声明指针按下的位置
    private int startx=0,
    starty=0,
    //声明指针的当前位置
    currentx=0,
    currenty=0;
    private Doodle midlet;
    private boolean clearDisplay=false;
    /*------------------------
    * 画布类的构造函数
    *------------------------*/
    public DoodleCanvas(Doodle midlet){
        this.midlet=midlet;
        cmExit=new Command("Exit",Command.EXIT,1);
        cmClear=new Command("Clear",Command.SCREEN,1);
        addCommand(cmExit);
```

109

```
        addCommand(cmClear);
        setCommandListener(this);
    }
    /*-----------------------
    * 定义paint()方法
    *-----------------------*/
    protected void paint(Graphics g){
        // 清除屏幕
        if (clearDisplay){
            g.setColor(255,255,255);
            g.fillRect(0,0,getWidth(),getHeight());
            clearDisplay=false;
            startx=currentx=starty=currenty=0;
            return;
        }
        // 设置画笔颜色
        g.setColor(0,0,0);
        // 画出直线
        g.drawLine(startx,starty,currentx,currenty);
        // 设置新的起始点
        startx=currentx;
        starty=currenty;
    }
    /*-----------------------
    * 软键的事件响应处理方法
    *-----------------------*/
    public void commandAction(Command c,Displayable d){
        if (c==cmExit)
            midlet.exitMIDlet();
        else if (c==cmClear){
            clearDisplay=true;
            repaint();
        }
    }
    /*-----------------------
    * 指针按下的事件处理程序
    *-----------------------*/
    protected void pointerPressed(int x,int y){
        startx=x;
        starty=y;
    }
    /*-----------------------
```

```
 * 指针拖放的事件处理程序
 *-----------------------*/
protected void pointerDragged(int x,int y){
    currentx=x;
    currenty=y;
    repaint();
}

}
```

习题 5

1. 设置一个 Canvas 类的全屏模式的方法是_____。

2. 为什么要求在 paint( )方法中不能假设任何已有的图像，并绘制画布上的每一个像素？

3. 在使用低级用户界面的 MIDlet 程序设计中，哪个语句调用了 pain( )方法？

4. 为什么在 Canvas 子类对象中可以加入命令按钮，并注册命令监听器？

5. 用 public void drawString(String s,int x,int y,int anchor)方法绘制一个字符串，其中基点参数 anchor 由水平位置和垂直位置共_____个取值组成，水平位置的取值为_____，垂直位置的取值为_____。

6. 写出在低级用户界面中清屏的语句序列。

7. 可变 image 对象需要调用_____方法来创建，不可变 image 对象可通过_____种方法中的一个来创建，分别为_____。

8. 安排任务的方法 schedule 有_____种重载形式，分别为_____；解除当前安排任务的方法为_____。

9. 在用户的应用程序中要使用 Canvas 类，必须定义_____；在建立 Canvas 子类时，要求用户定义_____方法的具体实现。

10. 指针事件，按下时调用_____方法，释放时调用_____方法，拖动时调用_____方法，判断当前设备是否支持指针拖动功能时调用_____方法。

11. MIDP 规范定义了按键事件激活的方法，按下某个键调用_____方法，某个键被释放调用_____方法，重复按下某个键调用_____方法，判断当前设备是否支持重复按键调用_____方法。

第6章 MIDP 游戏程序设计基础

本章简介：MIDP 2.0 规范提供了针对手机游戏开发的 Game API（javax.microedition.lcdui.Game），对传统游戏开发中常用对象活动物体和背景分别进行抽象，活动物体被抽象为精灵类 Sprite 类，背景被抽象为游戏画布类 GameCanvas 类，而游戏图层管理类将这两者结合起来，实现游戏的功能。本章介绍游戏设计的基本概念、代码结构，以及各种游戏元素类的使用方法。

相对于 PC 而言，手机的最大优势是其与现代生活方式的密切结合。据统计，手机是个人携带物品中仅次于钥匙和钱包的物品。人们可能随时随地通过手机玩游戏，所以游戏开发应该成为手机应用程序的重要组成部分。

6.1 游戏程序设计概述

MIDP 2.0 规范提供了专门针对游戏程序设计的 API。本章重点介绍手机游戏开发的基本概念、主要方法以及游戏类的层次结构。

MIDP 2.0 规范针对游戏开发的新功能是在新增的 javax.microedition.lcdui.Game 包中实现的。

游戏 API 包括 5 大类：GameCanvas、Layer、LayerManager、Sprite 和 TiledLayer。其中，GameCanvas 继承自 Canvas 类，提供游戏的基本界面；Layer 和 LayerManager 继承自 Object 类，用于表示游戏的图层和图层管理；Sprite 和 TiledLayer 继承自 Layer 类，前者表示游戏中活动的主体，后者用于实现动画背景。游戏 API 的层次结构如图 6-1 所示。

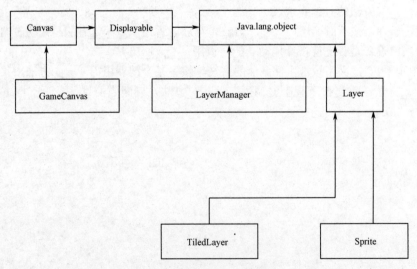

图 6-1 游戏 API 的层次结构

下面具体介绍各部分的功能。

GameCanvas 是 Canvas 类的子类，除了可以实现 Canvas 类的功能外，主要新增用户按键主动查询和更新图形的脱机屏幕缓冲两方面的功能。该类提供了一个基本的游戏屏幕。

Layer 类代表游戏中一个可视化的元素，定义一些基本属性，如位置、大小和透明度等属性。

LayerManager 类负责管理多个 Layer 类实例，简化游戏处理过程，通过定义视图使对象自动生成屏幕内容。

Sprite 类用于游戏活动主体元素的表示，可以通过若干图像的序列显示和创建动画。开发者可以调整图像序列的顺序，形成一帧或多帧连续图像。

TiledLayer 类允许游戏设计者建立一个较大的背景，而不需要占用较大内存的对象，解决方法是，由多个图像元素拼接成较大场景，具体地说，该类包含一个表，可以使用图片进行填充。

6.2 游戏画布

GameCanvas 类在 MIDP 2.0 规范中是游戏开发的基础。它为游戏开发图形界面和交互系统的实现提供了一些基本的方法。

GameCanvas 继承自 Canvas，除了具有 Canvas 的功能外，还具备按键主动检测和屏幕缓冲等功能，并为每一个游戏画布实例设置一个缓冲器，初始值为白色像素。构造方法的定义如下：

```
protected GameCanvas(boolean keyEvents)
```

其中，参数 keyEvents 指定是否启用画布的输入。具体地说，如果取值为 true，则用户在游戏画布上的按键将不会触发 Canvas 类的 keyPressed( )、keyReleased( )和 keyRepeated( )方法，但可以使用 GameCanvas 新增加的 getKeyStates( )方法；如果取值为 false，则可使用上述 4 种方法。

在使用 Canvas 类绘图时，有时会因图形更新速度过快引起画面闪烁。此时，可以通过降低绘制速度和使用双缓冲技术（Double Buffering）解决屏幕闪烁。后者是使用自己创建的屏幕画笔在内存缓冲区中的屏幕上作画，然后再将画出的屏幕作为 Image 的对象显示到该屏幕上的技术。而在 GameCanvas 类中，已经采用了双缓冲技术来进行游戏画面的绘制。

GameCanvas 类为每一个游戏画布实例都设置一个脱机缓冲器，可以通过 getGraphics( )获得该图像缓冲区对象，其方法定义为：

```
Protected Graphics getGraphics()
```

该缓冲器用于保存屏幕中显示的每个像素的取值。一般情况是：程序在显示屏幕前，先将缓冲器中的内容调整为所要显示的内容，然后再将缓冲区的内容复写到屏幕上，如果要保证缓冲区的内容能够显示到屏幕上，就需要启动重绘过程。

写屏幕的方法如下：

```
public void flushGraphics()
public void flushGraphics(int x,int y,int width,int height)
```

这两个方法负责将缓冲器中的内容复写到屏幕上，完成后返回。注意，此方法并不会激活 paint 方法。第二个方法可以指定缓冲器中画布指定区域的内容复写到屏幕上。于是本次的绘制内容会覆盖上一次的绘制内容，但本次绘制不到的内容不会覆盖上一次的绘制。

上面提到的是静态屏幕的显示，而在游戏中，经常需要显示动画。在 MIDP 中，实现动画一般有两种方式：矢量计算和图像序列。后者在图像显示的同时，下一幅图像生成并等待显示，为此可能出现屏幕闪烁的现象。缓冲器的设置也可以解决闪烁问题。

由于 GameCanvas 类是一个抽象类，因此必须产生一个子类使用它的方法。为了使游戏的主体反复运行，在子类中要实现 runnable 接口，将它的对象作为一个线程来运行。

例 6-1 学习使用脱机缓冲区进行绘图，每隔 1 秒绘制一个位置、颜色有变化的矩形，共 5 个，如图 6-2 所示。本例包括两个程序。

程序一：TestGameCanvas.java

```java
import javax.microedition.lcdui.*;
import javax.microedition.lcdui.game.*;
//建立自己的 GameCanvas 派生类
public class TestGameCanvas extends GameCanvas implements Runnable{
    private boolean isPlay;//值为 true 时反复执行线程体
    private int currentX,currentY;//当前的绘图位置
    private int width,height;//保存屏幕宽度和高度
    //将矩形的颜色变化值预先存放在数组中
    private int [] preColors={0xFF0000,0x00FF00,0x0000FF,
                                0xFFFF00,0x00FFFF};
    //构造方法
    public TestGameCanvas(){
        super(true);//屏蔽 keyPressed 等键盘事件
        width=getWidth();//获取屏幕宽度
        height=getHeight();//获取屏幕高度
        currentX=10;currentY=10;//绘图的初始位置
    }
    //开始执行线程体
    public void start(){
        isPlay=true;
        Thread t=new Thread(this);
        t.start();
    }
    //结束线程体的执行
    public void stop(){ isPlay=false;}
    //线程体，一般为游戏的运行主体
    public void run(){
        Graphics g=getGraphics();//获取脱机屏幕缓冲区中的图形对象
        while (isPlay==true){
            drawScreen(g);//调用绘制矩形的方法
        }
    }
    //在屏幕上绘制矩形
    private void drawScreen(Graphics g){
        //将整个屏幕背景绘制为白色
        g.setColor(0xFFFFFF);
        g.fillRect(0,0,width,height);
        //每隔 1 秒绘制一个位置、颜色有变化的矩形，共 5 个
        for(int times=0;times<5;times++){
```

```
        currentX+=10;currentY+=10;//改变绘图位置
        g.setColor(preColors[times]);//改变当前绘图颜色
        g.fillRect(currentX,currentY,20,20);
        //绘制10×10像素大小的矩形
        flushGraphics();//将缓冲区内容显示到屏幕上
        try{
            Thread.sleep(1000);//线程暂停1秒
        }catch (InterruptedException ie){}
        }
    }
}
```

程序二：GameCanvasBuffer.java

```
import javax.microedition.midlet.*;
import javax.microedition.lcdui.*;
//MIDlet主程序
public class GameCanvasBuffer extends MIDlet implements CommandListener{
    private Display display;
    private Command exitCommand;
    private TestGameCanvas gameCanvas;
    //在MIDlet启动时进行初始化工作
    public void startApp(){
        display=Display.getDisplay(this);//获得屏幕对象
        gameCanvas=new TestGameCanvas();//建立GameCanvas对象
        //建立Command对象
        exitCommand=new Command("退出",Command.EXIT,1);
        gameCanvas.addCommand(exitCommand);
        gameCanvas.setCommandListener(this);
        display.setCurrent(gameCanvas);
        gameCanvas.start();//启动GameCanvas中的线程体
    }
    //Command事件处理程序
    public void commandAction(Command c,Displayable s){
        if (c==exitCommand){
            exit();
        }
    }
    public void pauseApp(){}
    public void destroyApp(boolean unconditional){}
    //停止线程,结束MIDlet程序
    public void exit(){
        gameCanvas.stop();//停止GameCanvas线程体执行
        destroyApp(false);
```

```
                    notifyDestroyed();
            }
        }
```

在这个程序中，TestGameCanvas 是从 GameCanvas 类派生的子类，实现 Runnable 接口。在线程中实现游戏的主体：调用图像的 getGraphics 方法获得绘制用的 Graphics 实例，然后在此实例上调用 TestGameCanvas 类中绘制矩形并输出的方法 drawScreen(g)，得到需要的图像，并调用 flushGraphics( )方法将缓冲区中的图像输出到真实屏幕上。

如果将 TestGameCanvas.java 类中的 drawScreen( )方法改一下，改成如下形式：

```
private void drawScreen(Graphics g){
        //将整个屏幕背景绘制为白色
        g.setColor(0xFFFFFF);
        g.fillRect(0,0,width,height);
        //每隔1秒绘制一个位置、颜色有变化的矩形，共5个
        for(int times=0;times<5;times++){
            currentX+=10;currentY+=10;//改变绘图位置
            g.setColor(preColors[times]);//改变当前绘图颜色
            g.fillRect(currentX,currentY,20,20);
            //绘制10×10 像素大小的矩形
            try{
                Thread.sleep(1000);//线程暂停1秒
            }
            catch (InterruptedException ie){}
        }
        flushGraphics();//将缓冲区内容显示到屏幕上
    }
```

即把 flushGraphics( )；放到循环之外，运行程序，则结果变成，停顿 5 秒之后，一次性绘制 5 个矩形，如图 6-3 所示。

图 6-2　分 5 次绘制

图 6-3　一次性绘制

6.3　游戏画布上的按键处理

在游戏画布上，可以使用 getKeyCanvas 方法获得当前按键的状态，该方法的返回值是一个整型变量，变量中的二进制位代表按键的状态，0 表示未被按下，1 表示被按下。每次调用后，键盘状态被重新清除，用户的按键输入会重新影响键盘状态，为此，调用检查键盘状态可以确保获得用户真实的输入。

在 GameCanvas 类中定义一些静态常量用于检测某键是否按下，见表 6-1。

表 6-1　GameCanvas 类中静态常量列表

静态常量名	语法及说明
UP_PRESSED	语法：public static final int UP_PRESSED 代表游戏中的向上键，值为 0x0002
DOWN_PRESSED	语法：public static final int DOWN_PRESSED 代表游戏中的向下键，值为 0x0040
LEFT_PRESSED	public static final int LEFT_PRESSED 代表游戏中的向左键，值为 0x0004
RIGHT_PRESSED	public static final int RIGHT_PRESSED 代表游戏中的向右键，值为 0x0020
FIRE_PRESSED	语法：public static final int FIRE_PRESSED 代表游戏中的射击键，值为 0x0100
GAME_A_PRESSED	语法：public static final int GAME_A_PRESSED 代表游戏中的 A 键（某些设备可能不支持），值为 0x0200
GAME_B_PRESSED	语法：public static final int GAME_B_PRESSED 代表游戏中的 B 键（某些设备可能不支持），值为 0x0400
GAME_C_PRESSED	语法：public static final int GAME_C_PRESSED 代表游戏中的 C 键（某些设备可能不支持），值为 0x0800
GAME_D_PRESSED	语法：public static final int GAME_D_PRESSED 代表游戏中的 D 键（某些设备可能不支持），值为 0x1000

编程时，只需将 getKeyStates( )返回值与表中的常量相与即可。

如下代码演示了典型的响应用户事件代码框架：

```
Protected void keyPressed(int keyCode){
    int keyState=getKeyStates();
    if((keyState&LEFT_PRESSES)!=0){
        //左方向键激活的动作
    }
    if((keyState&RIGHT_PRESSES)!=0){
        //右方向键激活的动作
    }
    if((keyState&UP_PRESSES)!=0){
        //上方向键激活的动作
    }
```

```
        if((keyState &DOWN_PRESSES)!=0){
            //下方向键激活的动作
        }
    }
```

图 6-4　例 6-2 图

使用 getKeyStates 方法得到键盘状态，然后根据我们感兴趣的特定位的取值状态，做出相应的响应，具体位操作的常量包含以下 9 种：DOWN_PRESSED（方向键下）、UP_PRESSED（方向键上）、LEFT_PRESSED（方向键左）、RIGHT_PRESSED（方向键右）、FIRE_PRESSED（发射键）、GAME_A_PRESSED（游戏键 A）、GAME_B_PRESSED（游戏键 B）、GAME_C_PRESSED（游戏键 C）和 GAME_D_PRESSED（游戏键 D）。

值得注意的是，getKeyStates()方法只能返回游戏件的状态，因此只能用于游戏程序的设计。当游戏程序不需要除游戏键之外的按键时，可以用 true 作为参数调用 GameCanvas 的构造方法，这样可以屏蔽掉 KeyPressed()等按键的处理程序，提高游戏程序的性能。

例 6-2　使用游戏按键控制屏幕上一个矩形块的移动，如图 6-4 所示。本例包括两个程序。

程序一：KeyStateGameCanvas.java

```java
import javax.microedition.lcdui.*;
import javax.microedition.lcdui.game.*;
public class KeyTestGameCanvas extends GameCanvas implements Runnable{
    private boolean isPlay;//值为 true 时游戏线程反复执行
    private long delay;//线程执行时的延时，控制游戏每帧的时间
    private int currentX,currentY;//当前绘图位置
    private int currentColor;//当前绘图颜色
    //将矩形的颜色变化值预先存放在数组中
    private int[] preColors={0xFF0000,0x00FF00,0x0000FF,
                             0xFFFF00,0x00FFFF};
    private int width,height;//保存屏幕的宽度和高度
    private int counter=0;//计数器，记录按键的次数
    //构造方法
    public KeyTestGameCanvas(){
        super(true);//调用父类构造函数，屏蔽按键事件
        width=getWidth();//获取屏幕宽度
        height=getHeight();//获取屏幕高度
        currentX=width/2-10;//保存矩形块绘制的位置
        currentY=height/2-10;
        currentColor=0xFF00FF;//保存当前绘制的颜色
        delay=20;//游戏每帧的时间
    }
    //启动线程体
```

```java
public void start(){
    isPlay=true;
    Thread t=new Thread(this);
    t.start();
}
//停止线程执行
public void stop(){ isPlay=false;}
//线程体，游戏主体
public void run(){
    Graphics g=getGraphics();//获取脱机屏幕缓冲区中图形对象
    long beginTime=0,endTime=0;
    while (isPlay==true){
        beginTime=System.currentTimeMillis();//游戏每一帧开始时间
        queryKey();//查询按键状态
        drawScreen(g);//绘制屏幕
        endTime=System.currentTimeMillis();//游戏每一帧结束时间
        if (endTime-beginTime<delay){
        //判断运行时间是否超过规定时间
            try{
                Thread.sleep(delay-(endTime-beginTime));
            } catch (InterruptedException ie){ }
        }
    }
}

//主动查询按键状态，进行处理
private void queryKey(){
    int keyStates=getKeyStates();//查询游戏按键状态
    //当游戏按键被按下时，绘图位置发生改变，但不超过屏幕边界
    if ((keyStates&LEFT_PRESSED)!=0)    //按向左键
        currentX=Math.max(0,currentX-2);
    if ((keyStates&RIGHT_PRESSED)!=0)   //按向右键
        currentX=Math.min(width-20,currentX+ 2);
    if ((keyStates&UP_PRESSED)!=0)      //按向上键
        currentY=Math.max(0,currentY-2);
    if ((keyStates&DOWN_PRESSED)!=0)    //按向下键
        currentY=Math.min(height-20,currentY+ 2);
    //当游戏射击键被按下时，改变矩形块的颜色
    if ((keyStates&FIRE_PRESSED)!=0)    //按射击键
        currentColor=preColors[counter];//改变当前颜色
    counter=(counter+1)%5;
}
//在屏幕上根据当前绘图颜色绘制矩形块
```

```
    private void drawScreen(Graphics g){
        g.setColor(currentColor);
        g.fillRect(currentX,currentY,20,20);
        flushGraphics();
    }
}
```

程序二：KeyStateGameCanvasMIDlet.java

```
import javax.microedition.midlet.*;
import javax.microedition.lcdui.*;
//MIDlet 主程序
public class KeyTestGameCanvasMidlet
        extends MIDlet implements CommandListener{
    private Display display;
    private Command exitCommand;
    private KeyTestGameCanvas gameCanvas;
    //在 MIDlet 启动时进行初始化工作
    public void startApp(){
        display=Display.getDisplay(this);//获得显示屏幕对象
        gameCanvas=new KeyTestGameCanvas();//建立 GameCanvas 对象
        //建立 Command 对象
        exitCommand=new Command("退出",Command.EXIT,1);
        gameCanvas.addCommand(exitCommand);
        gameCanvas.setCommandListener(this);
        display.setCurrent(gameCanvas);
        gameCanvas.start();//启动 GameCanvas 中的线程体
    }
    //Command 事件处理程序
    public void commandAction(Command c,Displayable s){
        if (c==exitCommand){
            exit();
        }
    }
    public void pauseApp(){
    }
    public void destroyApp(boolean unconditional){
    }
    //停止线程，结束 MIDlet 程序
    public void exit(){
        gameCanvas.stop();//停止 GameCanvas 线程体执行
        destroyApp(false);
        notifyDestroyed();
    }
}
```

在该程序中，以下代码值得注意：

```
beginTime=System.currentTimeMillis();
//游戏每一帧开始时间
queryKey();//查询按键状态
drawScreen(g);//绘制屏幕
endTime=System.currentTimeMillis();//游戏每一帧结束时间
if (endTime-beginTime<delay){//判断运行时间是否超过规定时间
    try{
        Thread.sleep(delay-(endTime-beginTime));
    } catch (InterruptedException ie){}
}
```

其作用是，设置每一帧的时间间隔相等，都为 20ms，保证游戏有一个固定的频率。

6.4 图层 Layer 类

图层主要用于实现游戏中各种各样的对象，如背景，角色，道具等，它可以通过移动对象实现动画。图层可以将独立的物体或场景组织在一起，便于操控，这为实现不同对象的不同功能提供了方便。

游戏 API 提供了 Layer 类，该类表示图层，它直接继承自 Object 类，是所有图层类的对象的基类。它定义了图层的一些基本属性，如位置、大小及是否可视；同时也声明了一些方法，如 paint( )方法负责将图层绘制出来。

由于 Layer 类是抽象类，不能直接使用构造对象，因此必须派生子类。在游戏包 game 中已经为它派生了两个子类：分块图层类（TiledLayer）和精灵类（Sprite）。前者主要实现游戏中的背景，后者实现游戏中的移动主体。当然还可以派生具有新功能的自定义新图层。所有子类都可以实现抽象父类 Layer 的主要方法。这些主要方法介绍如下。

（1）有关图层位置的方法

```
public final int getHeight()
```
功能：返回当前图层的高度，以像素为单位。

```
public final int getWidth()
```
功能：返回当前图层的宽度，以像素为单位。

```
public final int getX()
```
功能：返回图层左上角的 X 坐标（对应绘图对象的坐标系统）。

```
public final int getY()
```
功能：返回图层左上角的 Y 坐标（对应绘图对象的坐标系统）。

```
public void setPosition(int x,int y)
```
功能：设置图层左上角的坐标位置，默认值为(0,0)。

（2）有关可见性的方法

```
public final boolean isVisible()
```
功能：返回图层的可见性，true 为可见，false 为不可见。

```
public void setVisible(boolean visible)
```
功能：设置图层是否可见，只有可见的图层才会被绘制。

（3）有关图层移动和绘制的方法

```
public void move(int dx,int dy)
```

功能：移动图层。参数 dx 和 dy 分别指定 X 轴和 Y 轴上移动的距离。若 dx 为负数，则表示向左移；若 dy 为负数，则表示向上移。

```
public abstract void paint(Graphics g)
```

功能：当图层可见时，使用给定的图形对象绘制图层，绘图位置由图层左上角在图形对象坐标系统中的位置决定。

6.4.1 分块图层 TiledLayer 类

Layer 类派生出两个子类：TiledLayer 和 Sprite。分块图层 TiledLayer 类一般用于建立背景图层。游戏的背景往往是一个较大面积的场景，直接存储必然占用较大的存储空间。

TiledLayer 类通过汇集背景主要元素，得到一系列图像片断，由这些片断拼接成较大面积的场景/背景，从而实现了用较小的存储空间保存较大面积背景。

1. 分块图层的构造方法

```
public TiledLayer(int columns,int rows,Image image,
                  int tileWidth,int tileHeight)
```

其中，参数 columns，rows 指定作为整个背景的分块图层大小，共 columns 列和 rows 行，以分块为单位；参数 image 指定背景主要元素；参数 tileWidth，tileHeight 指定图像分块大小，即背景中主要元素每个分块的大小，以像素为单位。

为了创建分块图层对象，在代码中也是首先建立汇集了背景主要元素的图像实例，然后由图像实例生成背景图层。

例 6-3 制作一个大的游戏背景，如图 6-5 所示。

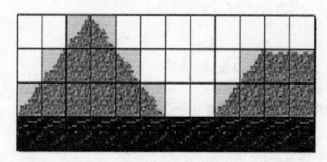

图 6-5 游戏背景

首先，提取其主要元素形成一个图像，如图 6-6 所示。可以看到，图中包含主要元素的图像（background.png），使用图（a）、（b）或（c）都可以得到相同的图像分块（Tile）。分块有索引号，从第 1 号排起，原则是每行从左到右排序，上面一行排完，下一行接着排。索引号 0 为空，表示透明区。每一个分块的大小应相同，本例中每一块含有 32×32 个像素。

整个背景图层含有 12 列 4 行分块。图像、分块、索引号之间的对应关系是固定的并保存于图层分块对象中，也被称为静态分块（Static Tiles）。

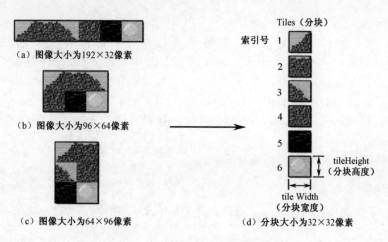

(a) 图像大小为192×32像素

(b) 图像大小为96×64像素

(c) 图像大小为64×96像素

(d) 分块大小为32×32像素

图 6-6　含有背景主要元素的图像

本例中实现图像分块代码如下：

```
Image img=Image.create("/background.png");
```

功能：建立背景图像实例。

用分块创建分块图层对象：

```
TiledLayer myTiledLayer=new TiledLayer(12,4,img,32,32);
```

功能：由背景图像得到 Tile 图层。

除静态分块外，在以后的运行中还可以使用 setStaticTileSet( )重新更新这些分块，其定义为：

```
public void setStaticTileSet(Image image,int tileWidth,int tileHeight)
```

功能：根据指定图像和分块大小重新设定静态分块。

2. 图层分块单元格的设定

在定义分块图层时，只是定义整个分块图层中含有图像分块大小的单元格的行数和列数。例如，定义 myTiledLayer 为含有 4 行 12 列分块大小的单元格。每个单元格初建时默认为具有 0 号索引的图像，即图像透明。在程序中要形成背景还需要使用 setCell( )和 fillCell( )方法为每一个单元格设置内容，即设定每个单元格应显示的具体分块索引号对应的图像。

这两个方法的定义如下：

```
public void setCell(int col,int row,int tileIndex)
```

功能：在指定行（row）、列（col）位置的单元格中设定分块索引号为 tileIndex。

```
public void fillCells(int col,int row,int numCols,int numRows,int tileIndex)
```

功能：用指定的分块索引号 tileIndex 填充一个区域中所有的单元格。该区域从 row 行、col 列开始，包括 numRows 行和 numCols 列。

具体实现时，可以先定义一个与整个分块图层大小相同的数组，并在数组元素中分配好图像分块索引号，再利用循环设定每一个单元格中填充的分块索引号。例如，为分块图层 myTiledLayer 设置每单元格图像的代码如下：

```
int[ ] map={
    0,0,1,3,0,0,0,0,0,0,0,0,
    0,1,4,4,3,0,0,0,0,1,2,2,
    1,4,4,4,4,3,0,0,1,4,4,4,
```

```
         5,5,5,5,5,5,5,5,5,5,5,5
    };
    for (int i=0;i<map.length;i++){
        int column=i%12;
        int row=(i-column)/12;
        tiledLayer.setCell(column,row,map[i]);
    }
```

运行后将形成如图 6-5 所示的游戏背景。

3. 动态分块

游戏设计时，背景中经常要实现动画。为此 TiledLayer 类提供了动态分块（Animated Tile）的方法。

所谓动态分块，就是在动态分块的索引号与静态分块索引号之间建立一种关联。一旦关联确立之后，在程序中引用动态分块，实际就是引用与之有关联的静态分块。创建动态分块的方法如下：

```
public int createAnimatedTile(int staticTileIndex)
```

功能：建立一个动态分块，并与指定索引号（tileIndex）的静态分块建立关联。返回值为当前动态分块的索引号，从-1 开始分配，依次递减，即：-1，-2，-3…。

在程序中还可以随时改变静态分块与动态分块之间的关联，方法如下：

```
public void setAnimatedTile(int animatedTileIndex,int staticTileIndex)
```

功能：将索引号为 animatedTileIndex 的动态分块与索引号为 tileIndex 的静态分块建立关联。

TiledLayer 类还有获得当前动态分块与哪个静态分块相关联的方法：

```
public int getAnimatedTile(int animatedTileIndex)
```

功能：获得索引号为 animatedTileIndex 的动态分块所关联的静态分块索引号。

有了动态分块概念后，设置单元格不但可以使用静态分块，还可以直接使用动态分块。其好处在于，当单元格绘制的图形发生变化时，只需要改变与当前动态分块相关联的静态分块就可以了。

例如，在 myTiledLayer 中最下面的第 3 行（从 0 行算起），可以先创建动态分块：

```
myTiledLayer.createAnimateTile(5);
```

该语句返回动态分块号，因为是第一次创建，所以索引号为-1，与静态分块 5 建立了关联。用动态分块显示的背景如图 6-7 所示，建立的单元格分块索引表如图 6-8 所示。

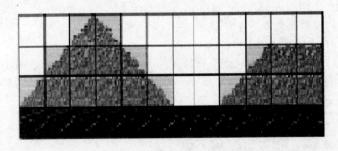

图 6-7 动态分块显示的背景

0	0	1	3	0	0	0	0	0	0	0	0
0	1	4	4	3	0	0	0	0	1	2	2
1	4	4	4	4	3	0	0	1	4	4	4
-1	-1	-1	-1	-1	-1	-1	-1	-1	-1	-1	-1

图6-8　建立的单元格分块索引表

在这种动态关联条件下，只需要执行语句：

```
myTiledLayer.setAnimateTile(-1,6);
```

使动态索引号与静态索引号相关联，在同样的单元格分块索引表条件下，背景图层将变成如图6-9所示。

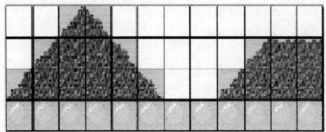

图6-9　修改动态分块号后的背景

对于分块图层对象创建之后，可以使用以下方法获得分块图层对象的相关属性：

```
public final int getRows()
```

功能：获取分块图层中单元格的行数。

```
public final int getColumns()
```

功能：获取分块图层中单元格的列数。

```
public final int getCellWidth()
```

功能：获取单元格的宽度，即分块的宽度。

```
public final int getCellHeight()
```

功能：获取单元格的高度，即分块的高度。

```
public int getCell(int col,int row)
```

图6-10　背景主要元素图像

功能：获取指定列（col）、行（row）位置的单元格所对应的分块索引号。

TiledLayer 类作为 Layer 类的子类当然可以使用父类中的方法，最常用的有 setPosition( )和 move( )方法，用于实现动画效果。

例6-4　在背景图层实现动画。在这个实例中，整个背景中由主要元素图像（bgtiles.png）组成，如图6-10所示。图像文件 bgtiles.png 存储在资源目录中，大小为 128×64 像素。本例包括两个程序。

程序一：SimpleTiledLayerCanvas.java

```
import javax.microedition.lcdui.*;
import javax.microedition.lcdui.game.*;
public class SimpleTiledLayerCanvas
            extends GameCanvas implements Runnable{
  private boolean isPlay;//值为true时游戏线程反复执行
```

```
private long delay;//线程执行时的延时，控制游戏每帧的时间
private int width,height;//保存屏幕的宽度和高度
private int currentX=-128,currentY=32;//当前绘图位置
private int counter=0;
private int aniIndex1,aniIndex2;
private TiledLayer background;//定义背景为分块图层
private Image backImage;//生成背景所用图像
//构造方法
public SimpleTiledLayerCanvas(){
    super(true);
    width=getWidth();
    height=getHeight();
    delay=20;
    background=createBackground();
}
//启动线程体
public void start(){
    isPlay=true;
    Thread t=new Thread(this);
    t.start();
}
public void stop(){ isPlay=false;}//停止线程执行
//线程体，游戏主体
public void run(){
    Graphics g=getGraphics();//获取脱机屏幕缓冲区中的图形对象
    long beginTime=0,endTime=0;
    while (isPlay==true){
        beginTime=System.currentTimeMillis();//游戏每一帧开始时间
        queryKey();//查询按键状态
        drawScreen(g);//绘制屏幕
        endTime=System.currentTimeMillis();//游戏每一帧结束时间
        if (endTime-beginTime<delay){//判断运行时间是否超过规定时间
            try{
                Thread.sleep(delay-(endTime-beginTime));
            } catch (InterruptedException ie){ }
        }
    }
}
//主动查询按键状态，进行处理
private void queryKey(){
    int keyStates=getKeyStates();//查询游戏按键状态
    //当游戏按键被按下时，TiledLayer 的绘图位置相应改变
```

```
    //如果未超过 TiledLayer 左侧范围，则图层 X 坐标向右移动
    if ((keyStates&LEFT_PRESSED)!=0)
            currentX=Math.min(0,currentX+2);
    //如果未超过 TiledLayer 右侧范围，则图层 X 坐标向左移动
    if ((keyStates&RIGHT_PRESSED)!=0)
        currentX=Math.max(currentX-2,width-background.getWidth());
    //如果未超过 TiledLayer 上侧范围，则图层 Y 坐标向下移动
    if ((keyStates&UP_PRESSED)!=0)
            currentY=Math.min(32,currentY+2);
    //如果未超过 TiledLayer 下侧范围，则图层 Y 坐标向上移动
    if ((keyStates&DOWN_PRESSED)!=0)
        currentY=Math.max(currentY-2,height-background.getHeight());
}
//在屏幕上显示游戏画面
private void drawScreen(Graphics g){
    g.setColor(0x99CCFF);
    g.fillRect(0,0,getWidth(),getHeight());
    background.setPosition(currentX,currentY);
    background.paint(g);
    flushGraphics();
}
//建立分块图层
private TiledLayer createBackground(){
    try{
        backImage=Image.createImage("/bgtiles.png");
    } catch (Exception e){}
    TiledLayer tiledLayer=new TiledLayer(16,10,backImage,32,32);
    //建立动态分块
    aniIndex1=tiledLayer.createAnimatedTile(6);
    aniIndex2=tiledLayer.createAnimatedTile(2);
    //数组用于存放单元格中需要填充的分块号
    int[] map={
        7,0,0,0,0,7,0,0,0,7,0,0,0,0,7,0,
        0,0,0,7,0,0,8,0,7,0,0,7,0,7,0,0,
        0,7,0,0,0,7,0,0,0,0,0,0,0,0,0,0,
        0,0,0,0,0,0,0,0,0,0,0,0,0,0,0,0,
        0,0,0,0,0,0,0,0,0,0,0,0,-1,0,-1,0,
        0,0,0,-1,0,0,0,-1,-1,-1,0,1,2,2,2,3,
        0,0,1,2,3,-1,1,2,2,2,3,1,2,2,2,3,
        0,-1,1,2,2,2,2,2,2,2,2,2,2,2,2,2,
        1,2,2,-2,-2,-2,-2,-2,-2,-2,-2,-2,-2,-2,-2,-2,
        1,-2,-2,-2,-2,-2,-2,-2,-2,-2,-2,-2,-2,-2,-2,-2,
```

```
    };
    //将分块填充进相应的单元格
    for (int i=0;i<map.length;i++){
        int column=i%16;
        int row=(i-column)/16;
        tiledLayer.setCell(column,row,map[i]);
    }
    return tiledLayer;
}
//实现分块图层上的动画效果
public void act(){
    //直接改变单元格中的分块
    background.setCell(6,1,counter%2+7);
    //改变动态分块中存放的静态分块号
    if (counter%2==0){
        background.setAnimatedTile(aniIndex1,5);
        background.setAnimatedTile(aniIndex2,4);
    }
    else{
        background.setAnimatedTile(aniIndex1,6);
        background.setAnimatedTile(aniIndex2,2);
    }
    counter++;
}
}
```

程序二：TiledLayerMIDlet.java

```
import javax.microedition.midlet.*;
import javax.microedition.lcdui.*;
//MIDlet 主程序
public class TiledLayerMIDlet extends MIDlet implements CommandListener{
    private Display display;
    private SimpleTiledLayerCanvas gameCanvas;
    private Command exitCommand,actCommand;
    //在 MIDlet 启动时进行初始化工作
    public void startApp(){
        display=Display.getDisplay(this);//获得显示屏幕对象
        gameCanvas=new SimpleTiledLayerCanvas();//建立 GameCanvas 对象
        //建立 Command 对象
        exitCommand=new Command("退出",Command.EXIT,1);
        actCommand=new Command("改变",Command.SCREEN,1);
        gameCanvas.addCommand(exitCommand);
        gameCanvas.addCommand(actCommand);
```

```
        gameCanvas.setCommandListener(this);
        gameCanvas.start();//启动 GameCanvas 中的线程体
        display.setCurrent(gameCanvas);
    }
    //Command 事件处理程序
    public void commandAction(Command c,Displayable s){
        if (c==exitCommand){
            exit();
        }
        else if  (c==actCommand){
            gameCanvas.act();
        }
    }
    public void pauseApp(){}
    public void destroyApp(boolean unconditional){}
    //停止线程，结束 MIDlet 程序
    public void exit(){
        gameCanvas.stop();
        destroyApp(false);
        notifyDestroyed();
    }
}
```

运行程序，开始时的效果如图 6-11 所示，按键改变背景后的效果如图 6-12 所示。

图 6-11 开始时的效果

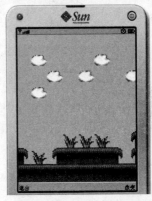

图 6-12 按键改变背景后的效果

6.4.2 精灵 Sprite 类

对于游戏中运动的主体，如游戏中的主角、敌人、飞船等，可以使用精灵 Sprite 类来实现，它同样是图层 Layer 类的子类。精灵类提供了运动主体动画显示、移动、翻转及碰撞检测等功能。

1. 精灵的构造方法

Sprite 类有三个构造方法。

（1）由单帧图像创建

```
public Sprite(Image img)
```

其中，参数 img 指定精灵的图像。用该方法创建的精灵对象只有唯一的画面帧。

（2）由指定图像创建，并指定帧大小

```
public Sprite(Image img,int width,int height)
```

其中，参数 img 指定精灵的图像，参数 width 指定帧的宽度，参数 height 指定帧的高度。系统会自动按照帧的宽度和高度对图像进行分割，每个分割块称为一帧。帧的编号从 0 开始，自左向右，自上向下，依次递增，每一帧都会分配唯一的序号，如图 6-13 所示。这些画面帧保存在精灵对象中。可以取图 6-13（a）、（b）或（c）中的任何一张存于资源目录中，命名为：spritePic.png。

代码如下：

```
Try{
    SpriteImage=Image.createImage("/spritePic.png");
}catch(Exception e){}
Sprite mySprite=new Sprite(spriteImage,32,12)
```

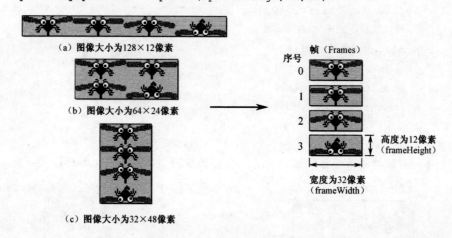

图 6-13　图像分帧示意图

图 6-13 中，帧（Frames）显示了图像分帧后的编号。需要注意的是，图像的高度和宽度必须是帧的高度和宽度的整数倍，否则会产生 IllegalArgumentException 异常。

（3）由其他精灵对象创建精灵对象

```
public Sprite(Sprite s)
```

参数 s 指定其他精灵实例。

另外，对于已经创建的精灵实例，可以使用 setImage 方法对帧的高度和宽度进行重新设置。方法定义如下：

```
public void setImage(Image img,int frameWidth,int frameHeight)
```

功能：利用指定的图像重新设定精灵对象的画面帧。若新建的帧数目不少于原来的帧数，则当前帧和自定义的帧序列不会改变；若新建的帧数较少，则当前帧重新设置为 0 号帧，原自定义的帧序列被清除。

对于精灵对象中的画面帧，可以按预定的顺序显示形成动画，这个显示顺序称为帧序列（Frame Sequence）。帧序列可以用一维数组来表示，数组的元素是帧的序列号，数组的下标是该帧所在的位置。值得注意的是，在一个帧序列中，同一个帧可能出现多次，而每个帧在序列中的位置号是唯一的。

在某一时刻，帧序列中只能有一个帧被显示，称为当前帧（Current Frame）。一个精灵对象创建后，默认当前帧为序号为 0 的帧。当然，可以定义自己的帧序列，定义自己帧序列的方法为：

```
public void setFrameSequence(int[ ] sequence)
```

功能：按数组 sequence 中提供的帧号顺序建立自定义帧序列。

例如，对于上面创建的精灵对象 mySprite 用下面语句形成帧序列：

```
int[] sq={0,1,2,1,0,1,2,1,0,1,2,1,1,1,1,1,1 };
mySprite.setframeSequence(sq);
```

在自定义的帧序列之后。可使用 nextFrame( )或 preFrame( )方法将后一帧或前一帧设置为当前帧。反复使用这两个方法就可以轻松实现动画效果。值得注意的是，帧序列最后一帧的 nextFrame( )就是第一帧（位置号为 0）。preFrame( )方法类似。

getRawFrameCount 方法将返回所有帧的个数，其定义为：

```
public int getRawFrameCount()
```

功能：获取精灵对象中画面帧的数量。

getFrame()方法和 setFrame()方法定义如下：

```
public final int getFrame()
```

功能：返回当前帧在帧序列中的位置号。注意，并非画面帧本身的序号。

```
public void setFrame(int sequenceIndex)
```

功能：将帧序列中位置号为 sequenceIndex 的帧设置为当前帧。

2. 精灵的碰撞检测

在游戏中的主体除了要实现动画外，还要判断两个或多个游戏主体在运动时是否发生了碰撞。Sprite 定义了精灵之间碰撞检测的方法，当两个精灵的边界相互重叠时，该方法返回 true，否则返回 false。

（1）判断与图像的碰撞

方法：

```
public Boolean collidesWith(Image img,int x,int y,Boolean pixellevel)
```

其中，参数 img 指定待检测的图像实例；参数 x，y 指定 img 实例所处的位置（X 轴和 Y 轴坐标）；参数 pixellevel 指定检测级别，为 true 表示进行像素级检测，为 false 表示进行边界级检测。该方法检测当前精灵是否与参数 img 指定的图像发生碰撞。

（2）判断与精灵的碰撞

方法：

```
public Boolean collidesWith(Sprite s,Boolean pixellevel)
```

其中，参数 s 指定待检测的精灵实例；参数 pixellevel 指定检测级别，为 true 表示进行像素级检测，为 false 表示进行边界级检测。该方法检测当前精灵是否与参数 s 指定的精灵发生碰撞。

（3）判断与图层的碰撞

方法：

```
public Boolean collidesWith(TiledLayer t,Boolean pixellevel)
```

其中，参数 t 指定待检测的图层实例；参数 pixellevel 指定检测级别，为 true 表示进行像素级检测，为 false 表示进行边界级检测。该方法检测当前精灵是否与参数 t 指定的图层发生碰撞。

（4）定义碰撞检测区域

方法：

```
public Boolean defineCollisionRectangle(int x,int y,
                                        int width,int height)
```

其中，参数 x，y 指定碰撞检测区域左上角的坐标；参数 width，height 指定碰撞检测区域的宽度和高度。该方法在指定区域内进行碰撞检测。

碰撞检测可以采用以下两种方式。

像素级碰撞检测：只有两个对象的非透明像素发生重叠，才认为是碰撞，如图 6-14 所示。

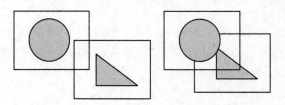

（a）像素级碰撞检测为无碰撞　　（b）像素级碰撞检测为有碰撞

图 6-14　像素级碰撞检测

边界级碰撞检测：只要两个对象的任何像素发生重叠，就认为是碰撞，如图 6-15 所示。

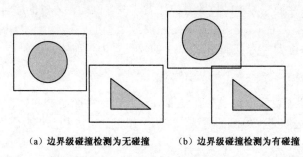

（a）边界级碰撞检测为无碰撞　　　（b）边界级碰撞检测为有碰撞

图 6-15　边界级碰撞检测

例 6-5　使用精灵类和碰撞检测。

作为分块图层的图片 bgtiles.png 和用于建立精灵的图片 sprite0.png、sprite1.png，如图 6-16 所示。

（a）bgtiles.png　　　　　　（b）sprite0.png　　　　　　　　（c）sprite1.png

图 6-16　使用的图片

本例包括两个程序。

程序一：SimpleSpriteCanvas.java

```
import javax.microedition.lcdui.*;
import javax.microedition.lcdui.game.*;
public class SimpleSpriteCanvas extends GameCanvas implements Runnable{
```

```java
private boolean isPlay;//值为 true 时游戏线程反复执行
private long delay;//线程执行时的延时，控制游戏每帧的时间
private int width,height;//保存屏幕的宽度和高度
private TiledLayer background;//定义背景为分块图层
private Sprite sprite0,sprite1;
private Image backImage,spriteImage;//生成背景、精灵所用图像
private final int toLeft[]={0,1,1,2,2,3,3,4};//精灵 0 向左运动的帧序列
private final int toRight[]={5,6,6,7,7,8,8,9};//精灵 0 向右运动的帧序列
private int xStep=0,yStep=0;
private boolean pxCollides=true;
private boolean rightToLeft=true;
//构造方法
public SimpleSpriteCanvas(){
    super(true);
    width=getWidth();
    height=getHeight();
    delay=50;
    background=createBackground();
    sprite0=createSprite("/sprite0.png",56,29);
    sprite1=createSprite("/sprite1.png",34,27);
    sprite0.setPosition(180,60);
    sprite1.setPosition(30,80);
    sprite0.setFrameSequence(toLeft);
    sprite1.defineCollisionRectangle(0,0,64,64);
}
//启动线程体
public void start(){
    isPlay=true;
    Thread t=new Thread(this);
    t.start();
}
//停止线程执行
public void stop(){ isPlay=false;}
//线程体，游戏主体
public void run(){
    Graphics g=getGraphics();//获取脱机屏幕缓冲区中的图形对象
    long beginTime=0,endTime=0;
    while (isPlay==true){
        beginTime=System.currentTimeMillis();
        queryKey();//查询按键状态
        sprite0Move();
        drawScreen(g);//绘制屏幕
```

```
            endTime=System.currentTimeMillis();
            if (endTime-beginTime<delay){
                try{
                    Thread.sleep(delay-(endTime-beginTime));
                } catch (InterruptedException ie){ }
            }
        }
    }
    //主动查询按键状态，进行处理
    private void queryKey(){
        int keyStates=getKeyStates();//查询游戏按键状态,游戏按键被按下时
        if ((keyStates&LEFT_PRESSED)!=0)//如果未超过左侧范围，则向左移动
            xStep=-2;
        if ((keyStates&RIGHT_PRESSED)!=0)
        //如果未超过右侧范围，则向右移动
            xStep=2;
        if ((keyStates&UP_PRESSED)!=0)
        //如果未超过上侧范围，则向上移动
            yStep=-2;
        if ((keyStates&DOWN_PRESSED)!=0)
        //如果未超过下侧范围，则向下移动
            yStep=2;
        if ((keyStates&FIRE_PRESSED)!=0)
            if (sprite1.isVisible())
                sprite1.setVisible(false);
            else
                sprite1.setVisible(true);
    }
    //在屏幕上显示游戏画面
    private void drawScreen(Graphics g){
        g.setColor(0x99CCFF);
        g.fillRect(0,0,getWidth(),getHeight());
        background.paint(g);
        sprite0.nextFrame();
        sprite1.nextFrame();
        sprite0.paint(g);
        sprite1.paint(g);
        flushGraphics();
    }
    //建立分块图层
    private TiledLayer createBackground(){
        try{
```

```
            backImage=Image.createImage("/bgtiles.png");
        } catch (Exception e){}
        TiledLayer tiledLayer=new TiledLayer(8,9,backImage,32,32);
        //数组用于存放单元格中需要填充的分块号
        int[] map={
            0,0,7,0,0,0,8,0,
            7,0,0,0,7,0,0,7,
            0,0,0,0,0,0,0,0,
            0,0,0,0,0,0,0,0,
            0,0,0,0,0,0,0,0,
            0,0,0,6,0,0,0,5,
            0,0,1,2,3,5,1,2,
            0,6,1,2,2,2,2,2,
            1,2,2,4,4,4,4,4,
        };
        //将分块填充进相应的单元格
        for (int i=0;i<map.length;i++){
            int column=i%8;
            int row=(i-column)/8;
            tiledLayer.setCell(column,row,map[i]);
        }
        return tiledLayer;
    }
    //建立精灵
    private Sprite createSprite(String picName,int spriteWidth,
                                int spriteHeight){
        try{
            spriteImage=Image.createImage(picName);
        } catch (Exception e){}
        Sprite sprite=new Sprite(spriteImage,spriteWidth,spriteHeight);
        return sprite;
    }
    private void sprite0Move(){
        sprite0.move(xStep,yStep);//移动
        //如果方向改变，则改变动画序列
        if (xStep>0 && rightToLeft==true){
            rightToLeft=false;
            sprite0.setFrameSequence(toRight);
        }
        else if (xStep<0 && rightToLeft!=true){
            rightToLeft=true;
            sprite0.setFrameSequence(toLeft);
```

```java
        }
        //检测碰撞
        if(sprite0.collidesWith(background,pxCollides) ||
           sprite0.collidesWith(sprite1,pxCollides)){
            //如果移动后和其他背景或另一个物体发生碰撞，则返回原来位置
            sprite0.move(-xStep,-yStep);
        }
        //重新初始化步长
        xStep=yStep=0;
    }
    public void change(){
        //改变碰撞检测方式，true 表示采用像素级检查，false 表示采用矩形检查
        if (pxCollides==true)
            pxCollides=false;
        else
            pxCollides=true;
    }
}
```

程序二：SpriteCollide.java

```java
import javax.microedition.midlet.*;
import javax.microedition.lcdui.*;
//MIDlet 主程序
public class SpriteCollide extends MIDlet implements CommandListener{
    private Display display;
    private SimpleSpriteCanvas gameCanvas;
    private Command exitCommand,actCommand;
    //在 MIDlet 启动时进行初始化工作
    public void startApp(){
            display=Display.getDisplay(this);
            //获得显示屏幕对象
            gameCanvas=new SimpleSpriteCanvas();//建立 GameCanvas 对象
            //建立 Command 对象
            exitCommand=new Command("退出",Command.EXIT,1);
            actCommand=new Command("改变",Command.SCREEN,1);
            gameCanvas.addCommand(exitCommand);
            gameCanvas.addCommand(actCommand);
            gameCanvas.setCommandListener(this);
            gameCanvas.start();//启动 GameCanvas 中的线程体
            display.setCurrent(gameCanvas);
    }
    //Command 事件处理程序
    public void commandAction(Command c,Displayable s){
        if (c==exitCommand){
            exit();
```

```
        }
        else if (c==actCommand){
            gameCanvas.change();
        }
    }
    public void pauseApp(){ }
    public void destroyApp(boolean unconditional){ }
    //停止线程，结束MIDlet程序
    public void exit(){
        gameCanvas.stop();
        destroyApp(false);
        notifyDestroyed();
    }
}
```

开始运行时如图 6-17（a）所示，像素碰撞情况如图 6-17（b）所示，矩形碰撞情况如图 6-17（c）所示，选中的精灵消失的情况如图 6-17（d）所示。

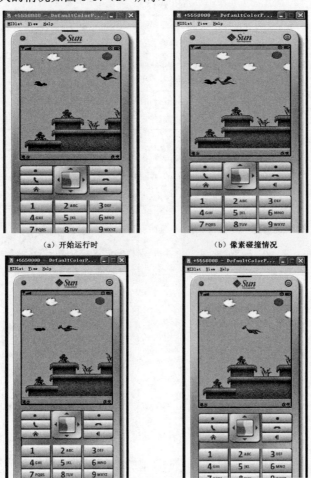

（a）开始运行时   （b）像素碰撞情况

（c）矩形碰撞情况   （d）选中的精灵消失的情况

图 6-17　运行效果

3. 精灵的移动和旋转

Sprite 类除可用父类 Layer 的 setPosition( )和 move( )方法移动精灵外，还提供了一些新的方法来控制移动和旋转。方法定义如下：

```
public void setTransform(int transform)
```

功能：将精灵中所有的画面帧以参考点为中心进行旋转。旋转是相对于原始画面帧的，无法累加。参数 transform 的取值见表 6-2，效果如图 6-18 所示。精灵的宽度和高度由旋转后的画面帧确定，可能会发生改变。

表 6-2　Sprite 类中旋转参数常量表

静态常量名	语法及说明
TRANS_NONE	语法：public static final int TRANS_NONE 不对精灵进行旋转，值为 0
TRANS_ROT90	语法：public static final int TRANS_ROT90 将精灵顺时针旋转 90°，值为 5
TRANS_ROT180	语法：public static final int TRANS_ROT180 将精灵顺时针旋转 180°，值为 3
TRANS_ROT270	语法：public static final int TRANS_ROT270 将精灵顺时针旋转 270°，值为 6
TRANS_MIRROR	语法：public static final int TRANS_MIRROR 将精灵水平翻转，值为 2
TRANS_MIRROR_ROT90	语法：public static final int TRANS_MIRROR_ROT90 将精灵水平翻转后，再顺时针旋转 90°，值为 7
TRANS_MIRROR_ROT180	语法：public static final int TRANS_MIRROR_ROT180 将精灵水平翻转后，再顺时针旋转 180°，值为 1
TRANS_MIRROR_ROT270	语法：public static final int TRANS_MIRROR_ROT270 将精灵水平翻转后，再顺时针旋转 270°，值为 4

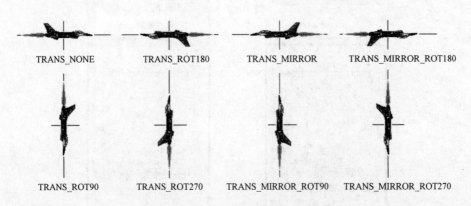

图 6-18　各常量旋转效果图

由于任何旋转都是相对于某个参考点而言的，因此 Sprite 类还提供一些与参考点有关的方法：

```
public void defineReferencePixel(int x,int y)
```

功能：定义当前精灵的参考点。该点的坐标(x, y)相对于精灵未旋转时的左上角来设置。默认值为(0,0)，即精灵画面帧的左上角。

```
public void setRefPixelPosition(int x,int y)
```

功能：根据参考点设置精灵的位置。参数 x，y 为参考点在绘图对象的坐标系统中的位置。

```
public int getRefPixelX()
```

功能：返回参考点在绘图对象坐标系统中的 *X* 轴坐标。

```
public int getRefPixelY()
```

功能：返回参考点在绘图对象坐标系统中的 *Y* 轴坐标。

所有的旋转都围绕这个旋转参考点来完成，由游戏设计者自己定义这个参考点在精灵中的位置（以像素为单位）。从效果图可以看出，使用预定义的旋转参数只能实现以 90° 为单位的旋转。但如果精灵与多个描绘不同角度主体的画面帧相结合，就能实现多角度的旋转了。

例 6-6 学习关于参考点、移动和旋转有关知识。创建精灵的图片为 airplane.png，大小为 270×80 像素，如图 6-19 所示。本例包括两个程序。

图 6-19　airplane.png

程序一：TransformSpriteCanvas.java

```
import javax.microedition.lcdui.*;
import javax.microedition.lcdui.game.*;
public class TransformSpriteCanvas
                extends GameCanvas implements Runnable{
    private boolean isPlay;//值为 true 时游戏线程反复执行
    private long delay;//线程执行时的延时，控制游戏每帧的时间
    private int width,height;//保存屏幕的宽度和高度
    private Sprite airplane;
    private Image spriteImage;//生成背景、精灵所用图像
    private int FlyDirection;//存放目前精灵的角度
    //FlyTransforms 与 FlyFrames 组合形成精灵的各种角度
    private static final int[] FlyTransforms={
        Sprite.TRANS_NONE,Sprite.TRANS_NONE,Sprite.TRANS_NONE,
        Sprite.TRANS_MIRROR_ROT90,Sprite.TRANS_ROT90,
        Sprite.TRANS_ROT90,Sprite.TRANS_ROT90,
        Sprite.TRANS_MIRROR_ROT180,Sprite.TRANS_ROT180,
        Sprite.TRANS_ROT180,Sprite.TRANS_ROT180,
        Sprite.TRANS_MIRROR_ROT270,Sprite.TRANS_ROT270,
        Sprite.TRANS_ROT270,Sprite.TRANS_ROT270,
        Sprite.TRANS_MIRROR};
    private static final int[] FlyFrames={
        0,1,2,1,
```

```
        0,1,2,1,
        0,1,2,1,
        0,1,2,1
};
//构造方法
public TransformSpriteCanvas(){
    super(true);
    width=getWidth();
    height=getHeight();
    delay=50;
    airplane=createSprite("/airplane.png",90,80);
        //定义精灵的参考点为中心
    airplane.defineReferencePixel(airplane.getWidth()/2,
                                airplane.getHeight()/2);
        //将精灵移动到屏幕中心
    airplane.setRefPixelPosition(width/2 ,height/2);
}
//启动线程体
public void start(){
    isPlay=true;
    Thread t=new Thread(this);
    t.start();
}
//停止线程执行
public void stop(){ isPlay=false;}
//线程体，游戏主体
public void run(){
    Graphics g=getGraphics();//获取脱机屏幕缓冲区中图形对象
    long beginTime=0,endTime=0;
    while (isPlay==true){
        beginTime=System.currentTimeMillis();
        queryKey();//查询按键状态
        drawScreen(g);//绘制屏幕
        endTime=System.currentTimeMillis();
        if (endTime-beginTime<delay){
            try{
                Thread.sleep(delay-(endTime-beginTime));
            } catch (InterruptedException ie){ }
        }
    }
}
//主动查询按键状态，进行处理
```

```java
    private void queryKey(){
        int keyStates=getKeyStates();//查询游戏按键状态
        if ((keyStates&LEFT_PRESSED)!=0)//向左旋转
            turn(-1);
        if ((keyStates&RIGHT_PRESSED)!=0)//向右旋转
            turn(1);
    }
    //在屏幕上显示游戏画面
    private void drawScreen(Graphics g){
        g.setColor(0x99CCFF);
        g.fillRect(0,0,getWidth(),getHeight());
        airplane.paint(g);
        flushGraphics();
    }
    //建立精灵
    private Sprite createSprite(String picName,int spriteWidth,
                            int spriteHeight){
        try{
            spriteImage=Image.createImage(picName);
        } catch (Exception e){}
        Sprite sprite=new Sprite(spriteImage,spriteWidth,spriteHeight);
        return sprite;
    }
    //使精灵产生旋转效果
    private void turn(int delta){
        FlyDirection+=delta;
        if (FlyDirection<0)  FlyDirection+=16;
        if (FlyDirection>15)  FlyDirection %=16;
        airplane.setFrame(FlyFrames[FlyDirection]);
        airplane.setTransform(FlyTransforms[FlyDirection]);
    }
}
```

程序二：TransformSpriteMIDlet.java

```java
import javax.microedition.midlet.*;
import javax.microedition.lcdui.*;
//MIDlet 主程序
public class TransformSpriteMIDlet
            extends MIDlet implements CommandListener{
    private Display display;
    private TransformSpriteCanvas gameCanvas;
    private Command exitCommand;
    //在MIDlet 启动时进行初始化工作
```

```
public void startApp(){
    display=Display.getDisplay(this);//获得显示屏幕对象
    gameCanvas=new TransformSpriteCanvas();
    //建立 GameCanvas 对象
    exitCommand=new Command("退出",Command.EXIT,1);
    //建立 Command 对象
    gameCanvas.addCommand(exitCommand);
    gameCanvas.setCommandListener(this);
    gameCanvas.start();//启动 GameCanvas 中的线程体
    display.setCurrent(gameCanvas);
}
//Command 事件处理程序
public void commandAction(Command c,Displayable s){
    if (c==exitCommand){
        exit();
    }
}
public void pauseApp(){ }
public void destroyApp(boolean unconditional){ }
//停止线程，结束 MIDlet 程序
public void exit(){
    gameCanvas.stop();
    destroyApp(false);
    notifyDestroyed();
}
}
```

运行效果如图 6-20 所示。

图 6-20　例 6-6 图

4. 精灵类的扩展

MIDP 的精灵类为游戏设计提供了很大方便，当功能不能满足游戏设计要求时，还需要对精灵类进行扩展，即创建 Sprite 类的子类。例如，创建自定的 MySprite 类其程序的基本结构如下：

```
Public class MySprite extends Sprite{
    //定义新属性
    //改写，或重新定义新方法
}
```

6.4.3　图层管理 LayerManager 类

图层概念的引入大大简化了游戏开发的思路，但随着游戏的复杂性提升，有可能产生大量的图层。这些图层的管理又成为一个新的问题，游戏 API 提供了一个 LayerManager 类专门管理图层实例。LayerManager 类，同样是 Object 类的直接子类。图层管理类主要用于多个图层的重叠和显示，只要按一定的先后次序将图层加入到图层管理对象中，它就能按相应的覆盖关系将各个图层显示出来。

1. 图层管理类的构造方法

在使用图层管理类对图层进行管理时，首先使用构造方法建立图层管理类实例，如创建manager 实例的方法为：

```
LayerManager manager=new LayerManager()
```

然后在该实例中添加需要管理的图层，在图层管理对象中添加图层的方法定义为：

```
public void append(Layer l)
```

管理器中的每一个图层都有唯一的索引号，用于标识图层。随着图层的加入，索引号是递增的。另外，索引号较小的图层将覆盖索引号较大的图层中的内容。若添加的图层对象已经存在，则先移除已存在的图层对象后再添加新图层。

如果退出管理，则从图层管理器中移除图层，方法定义如下：

```
public void remove(Layer l)
```

功能：从图层管理中移除图层对象 l，剩余图层的索引号会按顺序重排。

在已有的图层之间插入新图层，方法定义如下：

```
public void insert(Layer l,int index)
```

功能：在指定的索引号 index 位置插入图层对象，原来该位置的图层及之后的图层索引号会递增。若图层对象已经存在，则先移除再添加。

在图层管理对象中获得指定图层索引编号上图层对象的方法，定义如下：

```
public Layer getLayerAt(int index)
```

管理器还有取得图层管理中图层对象的数量的方法，定义如下：

```
public int getSize()
```

2. 图层的位置绘制与视窗

LayerManager 类中提供了一个坐标系，在设置图层相对位置时均是对于该坐标系而言的，可以把图层管理当做一个虚拟屏幕。在图层管理类中绘制图层的方法是 paint( )方法，它以降序的顺序绘制每一个图层，方法定义如下：

```
public void paint(Graphics g,int x,int y)
```

该方法需要获得当前 GameCanvas 的 Graphics 对象 g，还需要一个坐标(x,y)，用来控制可视窗口在屏幕中的位置。坐标(x,y)是相对于 Graphics 对象原点而言的。

此外，还可以使用 Layer 对象的 setPosition(x,y)方法设置图层的位置，坐标(x,y)是相对于图层管理类对象而言的，并且索引号较小的图层能够直接被用户看到，而索引号较大的图层将有可能被覆盖。

另外，**setViewWindow** 可以设置图层可见的范围，方法定义如下：

```
public void setViewWindow(int x,int y,int width,int height)
```

功能：在坐标(x,y)处，设置宽度为 width、高度为 height 的视窗。

例如，将图层对象 **mySprite** 和 **myTiledLayer** 添加到图层管理对象 **myLayerManager** 中，可以使用如下语句设置它们的位置：

```
mySprite.setPosition(75,25)
myTiledLayer.setPosition(18,37)
```

使用如下语句设置视窗在图层管理对象中的起点位置和大小：

```
myLayerManager.setViewWindow(52,11,85,85)
```

在这种设置条件下，只要改变视窗起点位置，就能达到移动游动游戏画面的效果了。此时图层对象、视窗对象和图层管理对象的坐标是一致的。

6.4.4 简单游戏举例

例 6-7 学习构建一个完整的游戏程序。本例设计一架飞机打蜜蜂的游戏：屏幕上有 6 行 7 列蜜蜂，蜜蜂向下移动，并且随机左、右移动；在蜜蜂下方有一架飞机，可以控制飞机发射子弹，还可以左、右移动飞机；击中一只蜜蜂，该蜜蜂就会消失；如果蜜蜂撞上飞机，就认为飞机被击中，飞机消失，游戏失败。游戏界面如图 6-21 所示。

本例使用三张图片：作为蜜蜂的图片 mifeng.png，作为飞机的图片 feiji.png，以及作为子弹的图片 bom.png。调节蜜蜂和子弹的像素大小可以控制游戏的难度。

游戏主界面的功能由程序 MainMIDlet.java 实现，主界面是一个 List 列表，有两项：开始游戏和游戏说明，如图 6-22 所示。

游戏界面的功能由程序 MyCanvas.java 实现，在 MyCanvas 类中创建了两个精灵：表示飞机的 feiji 精灵和表示蜜蜂的 sprite 精灵。子弹类 Bom 作为精灵的子类实现。

程序 MiFengMove.java 实现对蜜蜂移动的控制。其中，MiFeng 类作为 TimerTask 的子类，完成了蜜蜂的时控任务。

完整代码参见教学资源包 MiFengShow。

图 6-21　游戏进行界面

图 6-22　游戏开始界面

习题 6

1．在 MIDP2.0 规范的游戏 API 中定义了几个与游戏开发有关的类？

2．在 GameCanvas 类中新增加_____方法，主动查询按键的状态。

3．在 MIDP2.0 规范中与图层有关的类是哪些？

4．创建分块图层时分块、图像和索引号之间有固定关系的分块称为_____。

5．在创建分块图层对象时，整个图层是由若干个_____组成的二维表格。

6．动态分块就是将动态分块的索引号与_____之间建立一种关联。

7．什么是精灵的画面帧、帧序列和当前帧？

8．精灵有_____碰撞检测方法，它们是_____检测方式和_____检测方式。

9．使用精灵类中预定义的旋转参数与精灵中描绘_____画面帧相结合，就能实现多角度的旋转。

10．图层管理类在游戏中有什么作用？

第 7 章　MIDP 网络编程

本章简介：Java ME 提供了基本网络编程的类库，包括连接接口、输入/输出流连接接口、流连接接口、内容连接接口、HTTP 连接接口等，是本章讨论的重点内容。

很多专家和媒体倡议，将 2008 年定为移动互联网元年。在这一年，苹果公司的 iPhone 首创了"终端+服务"模式，使其成为移动互联网应用的先行者。随后谷歌与众多运营商、手机厂商联合推出了 Android 开源联盟，吹响了手机进军互联网的号角。因此学习编写移动通信设备网络程序也成为一种不可缺少的技能。

Java ME 中的网络连接要具有高度的灵活性和通用性，保证能够适用于各种各样的小型设备。MIDP 在这方面引入了通用连接框架（Generic Connection Framework，GCF）的概念，它建立在使用连接类管理通信的基础之上，大大简化了网络连接多协议的复杂度。它屏蔽了创建不同链接的具体实现算法，只需要根据输入的 URL 地址，确定所使用的通信协议，就可以得到所需要的连接实例，完成连接功能。

7.1　移动网络编程概述

本节重点讲解基于 CLDC 的通用连接框架，介绍 javax.microedition.io 包中相关的类和接口，以及在 Java ME 平台下网络连接的层次结构和联系。

7.1.1　CLDC 的通用连接框架

通用连接框架（Generic Connection Framework，GCF）是 Java ME 进行网络通信的基础，它位于 javax.microedition.io 包中，包括一个类、一个异常和 7 个接口。

通用连接框架中类和接口的层次结构和继承关系如图 7-1 所示。

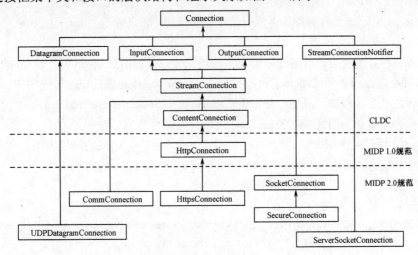

图 7-1　通用连接框架结构层次和继承关系

Connection 接口是所有接口的基类，它产生了用于数据报连接的 DatagramConnection 连接接口、用于数据流连接的 InputConnection、OutputConnection 和 StreamConnectionNotifier 接口。其中，StreamConnection 接口继承自数据流连接的输入/输出接口，并派生了用于数据内容解析的 ContentConnection 接口。

GCF 是一个容易扩展的框架结构，用户可以根据自身的需要在现有的类和接口之上建立自己的类或者实现自己的接口。

7.1.2 通用连接框架中的类

下面对通用连接框架中的各种类进行介绍。

1. Connector 类

Connector 类主要用于创建连接接口的对象，该类提供了打开连接和创建输入/输出流的方法：

```
public static Connection open(String name)
public static Connection open(String name,int mode)
public static Connection open(String name,int mode,boolean timeouts)
```

这三个重载的方法都建立并打开一个连接。

其中，参数 name 为 URI（统一资源标记符），用于指定协议和地址，它定义了各种连接的统一格式：

```
{scheme}: [{target}] [{params}]
```

说明如下：

- scheme 是进行连接的协议，如 HTTP、FTP 等，协议是确定连接具体类型的唯一参数；
- target 是连接的目标地址，如表示主机的名称或 IP 地址；
- params 是连接的参数列表，如 user 用户名、password 口令、port 连接端口等。

参数 mode 为访问模式，在 Connector 类中定义了三种取值：

- Connector.READ 表示只读模式；
- Connector.WRITE 表示只写模式；
- Connector.READ_WRITE 表示可读可写模式，默认值为可读可写。

参数 timeout 用于指明调用者是否希望处理超时问题，如果取值为 true，则表示希望在连接超时之后触发一个超时异常。

框架支持多种连接类型，通用连接框架中的连接接口都是通过 open( )方法建立的，并通过统一的 URI 来确定连接的类型。open( )方法返回一个 Connection 对象。在应用程序中，总是将返回对象强制转换为特定连接的子类型，如 HttpConnection、SocketConnection 等。

本章主要介绍 3 种常用连接类型格式。

创建 Socket 连接，例如：

```
SocketConnection c=(SocketConnection)Connector.open(
                    "socket://host:1234");
```

创建数据报连接，例如：

```
UDPDatagramConnection c=(UDPDatagramConnection)Connector.open(
                    "datagram://host");
```

创建 HTTP 连接，例如：

```
HttpConnection c=(HttpConnection)Connector.open(
                    "http://mysite.com:8080/index.htm");
```

由此可见，创建各种连接的方法都很类似，只是参数不同而已。关闭连接的方法是调用连接的 close( )方法。

在很多情况下，打开链接主要是为了访问特定的输入/输出流，因此 Connector 还提供了建立 4 种流连接的方法：

```
public static DataInputStream  openDataInputStream(String name)
```

功能：建立一个数据输入流，用于原始数据类型的输入，参数 name 为 URI，用于指定协议和地址。

```
public static DataOutputStream  openDataOutputStream(String name)
```

功能：建立一个数据输出流，用于原始数据类型的输出，参数 name 为 URI，用于指定协议和地址。

```
public static InputStream openInputStram(String name)
```

功能：建立一个连接输入流，用于字节数据类型的输入，参数 name 为 URI，用于指定协议和地址。

```
public static OutputStream openOutputStram(String name)
```

功能：建立一个连接输出流，用于字节数据类型的输出，参数 name 为 URI，用于指定协议和地址。

IntputStream 类和 OutputStream 类是所有输入/输出类的基类，从这两个类可以派生出特定数据类型的输入/输出流，如：ByteArrayOutputStream、ByteArrayInputStream、DataInputStream 等。DataInputStream 类和 DataOutputStream 类可以输出/输入 Java 的基本数据类型。

2. Connection 接口

Connection 接口是最基本的连接类型，是其他连接接口的基类，其中定义了 close( )方法，用于关闭连接。其定义如下：

```
public void close()
```

关闭连接后，如果再进行输入/输出操作，则会抛出 IOException 异常。

3．InputConnection 接口和 OutputConnection 接口

InputConnection 接口定义了输入流连接所需的各种方法，在 Connection 的基础上增加了 openInputStream( )方法和 openDataInputStream( )方法，前者用于打开输入流连接，后者用于打开数据输入流连接。

对应地，OutputConnection 接口定义了输出流连接所需的各种方法，增加了 openOutputStream( )方法和 openDataOutputStream( )方法。

4．StreamConnection 接口

由于 StreamConnection 接口是从 InputConnection 和 OutputConnection 派生而来的，因此它可以继承前面说明的 openInputStream( )方法、openDataInputStream( )方法、openOutputStream( )方法和 openDataOutputStream( )方法，为实现双向通信提供基础。

5．ContentConnection 接口

ContentConnection 接口继承自 StreamConnection 接口，用于获取连接内容的编码、长度和类

型等信息。它增加了与连接内容相关的方法，定义如下：

```
public String getEncoding()
```

功能：用于获得连接资源内容编码类型。如果通过 HTTP 进行连接，则返回首部字段 content-encoding 的值。

```
public long getLength()
```

功能：用于获得内容长度。如果通过 HTTP 进行连接，则返回首部字段 content-length 的值。

```
public String getType()
```

功能：用于获得内容的资源类型。如果通过 HTTP 进行连接，则返回首部字段 content-type 的值。

6. StreamConnectionNotifier 接口

该接口多用于服务器端应用程序，其目的是在 Connection 接口的基础上扩展一个 acceptAndOpen( )方法，该方法等待客户端的连接。

方法定义如下：

```
public StreamConnection acceptAndOpen()
```

功能：返回 StreamConnection 流连接的一个实例，可用于 ServerSocket 通信。

7.2　HTTP 编程

从 MIDP 1.0 规范开始，就要求所有的移动通信设备必须支持 HTTP 协议，因此使用这种协议编程能保证较好的可移植性。所以学习网络编程首先要学习 HTTP 编程，本节用到的 API 主要是：

```
javax.microedition.io.HTTPConnection
```

HTTP 协议是基于请求/响应模式的。使用 HTTP 协议客户端与服务器交换信息的过程如图 7-2 所示，主要分为 4 个步骤：建立连接、发送请求信息、发送响应信息和关闭连接。

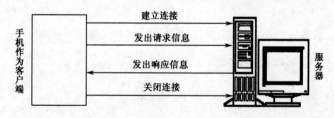

图 7-2　使用 HTTP 协议客户端与服务器交换信息的过程

手机的 MIDP 程序要与服务器连接，首先需要一个 Web 服务器。本书选用 Tomcat 7.0.2 版本的服务器，其安装和设置过程与一般 JSP 系统安装设置过程相同，不再赘述。

7.2.1　MIDlet 连接 HTTP 服务器

进行 HTTP 编程，首先要将 MIDlet 连接到 HTTP 服务器上。对于 HTTP 连接，使用前面讲过的 Connector 类的静态方法：

```
public static Connection open(String name) throws IOException
```

对于其参数 name，打开 HTTP 连接的字符串格式为：

```
            http://IP 地址:端口/资源路径
```
如：http://127.0.0.1:8080/index.jsp。该函数的返回值需要强制类型转换为 HttpConnection 类型。下面的代码将返回一个 MIDlet 与 HTTP 连接的对象：

```
        HttpConnection hc= (HttpConnection)Connector.open(
                       "http://localhost:8066/login.jsp")
```

建立的 HTTP 连接共有三种状态：

- Setup 在该状态下，可以设置请求参数；
- Connected 在该状态下，请求已经发送出去，正在等待响应；
- Closed 这是 HTTP 连接的最终状态，即连接被关闭。

HTTP 的请求参数必须在请求被发送之前设置完毕。在 HttpConnection 中定义的设置请求的方法有两个。

方法 1：

```
    public void setRequestMethod(String method) throws IOException
```
功能：设置客户端向服务器请求的方法，可选值说明如下。

- HttpConnection.GET 用于向服务器请求一个静态资源。GET 请求仅提供资源的 URL，不包含消息体。GET 响应用请求到的资源作为消息体。
- HttpConnection.POST 用于向服务器请求一个动态服务。重复同一个 POST 请求，可能得到不同的响应结果。POST 请求包含一个带有服务请求数据的消息体。POST 响应也包含一个相应数据的消息体。
- HttpConnection.HEAD 请求与 GET 相似，只是不会在响应中返回资源。

方法 2：

```
    public void setRequestProperty(String key,String value)
              throws IOException
```
功能：用来设置普通的请求参数。例如，下面的代码可以将一个命名为 Content-Language 的请求参数值设置为 en-US：

```
    hc.setRequestProperty("Content-Language","en-US")
```

完成请求参数的设置后，当输出流通过 openOutputStream( )或 openDataOutputStream( )方法打开后，这两个设置请求的方法，就不能再被调用，否则会引发异常。

7.2.2 获取 HTTP 连接的基本信息

HttpConnection 连接对象可以使用如下方法得到 HTTP 的基本信息：

```
    public int getResponseCode()throws IOException
```
功能：得到响应代码。

```
    public String getResponseMessage()throws IOException
```
功能：得到响应消息。

```
    public String getProtocol()
```
功能：得到连接协议名称。

```
    public String getHost()
```
功能：得到主机名称。

```
    public int getPort()
```

功能：得到主机端口号。

```
public String getURL()
```

功能：得到请求的统一资源地址 URL。

```
public String getQuery()
```

功能：得到 URL 中的查询部分。

例 7-1 学习获取有关信息方法的使用。本例包括两个程序，在服务器端首先运行一个 JSP 程序 login.jsp，然后在手机上运行 MIDP 程序 GetInformation.java。

本书使用 Tomcat 7.02 版本，HTTP 协议，端口号为 8066，在 Tomcat 服务器端指定的虚拟目录 mobile 下存放 login.jsp 文件。

服务器端程序：login.jsp

```jsp
<%@ page language="java"  contentType="text/plain;charset=GBK" %>
<%! String method,name,password;%>
<%
    method=request.getMethod();
    name=request.getParameter("Name");
    password=request.getParameter("PSW");
    out.println("welcome to the JSP");
    out.println("The method you used is "+method);
    out.println("Your name is "+name);
    out.println("your password is "+password);
%>
```

客户端程序：**GetInformation.java**

```java
import javax.microedition.io.Connector;
import javax.microedition.io.HttpConnection;
import javax.microedition.midlet.MIDlet;
import javax.microedition.midlet.MIDletStateChangeException;
public class GetInformation extends MIDlet{
    protected void startApp() throws MIDletStateChangeException{
        try{
            HttpConnection//连接到 HTTP 服务器端的程序 login.jsp
            hc =(HttpConnection)Connector.open("http://127.0.0.1:8066/
                    mobile/login.jsp?Name=mark&PSW=123456");
            System.out.println("响应代码："+hc.getResponseCode());
            System.out.println("响应消息："+hc.getResponseMessage());
            System.out.println("主机："+hc.getHost());
            System.out.println("端口："+hc.getPort());
            System.out.println("协议："+hc.getProtocol());
            System.out.println("URL："+hc.getURL());
            System.out.println("查询字符串："+hc.getQuery());
            System.out.println("请求方法："+hc.getRequestMethod());
        }catch(Exception ex){
```

```
            ex.printStackTrace();
        }
    }
    protected void destroyApp(boolean arg0)
                throws MIDletStateChangeException{}
    protected void pauseApp(){}
}
```

启动 Tomcat 后，运行 GetInformation.java 程序，出现一个手机画面，在控制台上显示如图 7-3 所示信息。

```
Running with storage root C:\Documents and Settings\Administrator\j2mewtk\2.5.2\
Running with locale: Chinese_People's Republic of China.936
Running in the identified_third_party security domain
响应代码: 200
响应消息: OK
主机: 127.0.0.1
端口: 8066
协议: http
URL: http://127.0.0.1:8066/mobile/login.jsp?Name=mark&PSW=123456
查询字符串: Name=mark&PSW=123456
请求方法: GET
```

图 7-3　获取 HTTP 连接信息

从图 7-3 可以看出，手机客户端通过 HttpConnection 对象，可以从服务器获得响应代码、响应消息、主机地址、端口号、通信协议、统一资源地址、查询字符串、请求方法等信息。

7.2.3　手机客户端与 HTTP 服务器通信

HTTP 编程的下一步，就是作为客户端的手机与服务器端进行通信。所谓通信就是读和写：将数据发送给对方，称为写，使用输出流；反之，从对方得到数据，称为读，使用输入流。

HttpConnection 从 InputConnection 中继承了以下两个方法：

```
    public InputStream openInputStream() throws IOException
```

功能：打开输入流，返回 InputStream 对象。

```
    public DataInputStream openDataInputStream() throws IOException
```

功能：打开数据输入流，返回 DataInputStream 对象。

由于第二个方法返回 DataInputStream 对象，因此有更强的数据读入能力。

DataInputStream 对象可以使用以下语句：

```
    public final int read(byte[] b) throws IOException
```

将对方数据以字节数组的方式读入。值得注意的是：在读取字节数组时需要知道字节数组的长度。通过查找 API 可以发现，HttpConnection 从 ContentConnection 内容连接中继承了方法：

```
    public long getLength()
```

该方法可以读取字节数组的长度。

类似地，HttpConnection 从 OutputConnection 中继承了以下两个方法：

```
    public OutputStream openOutputStream() throws IOException
```

功能：打开输出流，返回 OutputStream 对象。

```
    public DataOutputStream openDataOutputStream() throws IOException
```

功能：打开数据输出流，返回 DataOutputStream 对象。

由于第二个方法返回 DataOutputStream 对象，因此有更强的数据写出能力。

可以使用多个 write 方法，如：

```
public final void writeUTF(String str) throws IOException
```

向对方写出一个字符串。

例 7-2 实现一个手机远程登录系统。本例主要学习 MIDP 程序如何与服务器上的 JSP 程序通信。需要使用数据库查询登录密码是否正确，并显示是否登录成功。为了简化程序，本例要求，如果输入的密码与账户名相同，则判断登录成功。本例由服务器端的 JSP 程序 HttpLogin.jsp 和手机客户端的 MIDP 程序 HttpLoginMIDlet.java 组成。

服务器端程序：HttpLogin.jsp

```
<%@ page language="java" contentType="text/html;charset=gb2312"%>
<%
    String account=request.getParameter("ACCOUNT");
    String password=request.getParameter("PASSWORD");
    if(account.equals(password)){
        out.println("登录成功");
    }else{
        out.println("登录失败");
    }
%>
```

客户端程序：HttpLoginMIDlet

```
import java.io.DataInputStream;
import javax.microedition.io.Connector;
import javax.microedition.io.HttpConnection;
import javax.microedition.lcdui.*①;
import javax.microedition.midlet.MIDlet;
import javax.microedition.midlet.MIDletStateChangeException;
public class HttpLoginMIDlet extends MIDlet implements CommandListener{
    private Form frm=new Form("HTTP 测试");
    private TextField tfAcc=new TextField("输入账号","",10,
                                        TextField.ANY);
    private TextField tfPass=new TextField("输入密码","",10,
                                        TextField.PASSWORD);
    private Command cmdLogin=new Command("登录",Command.SCREEN,1);
    private StringItem str=new StringItem("","");
    private Display dis;
    protected void startApp() throws MIDletStateChangeException{
        dis=Display.getDisplay(this);
        dis.setCurrent(frm);
```

---

① "*" 表示这里有多行引入语句。

```java
        frm.append(tfAcc);
        frm.append(tfPass);
        frm.addCommand(cmdLogin);
        frm.append(str);
        frm.setCommandListener(this);
    }
    public void commandAction(Command c,Displayable d){
        if(c==cmdLogin){
            ValidateThread vt=new ValidateThread();
            vt.start();
        }
    }
    class ValidateThread extends Thread{
        public void run(){
            try{
                String url="http://localhost:8066/mobile/HttpLogin.jsp?
                    ACCOUNT="+tfAcc.getString()+" &
                    PASSWORD="+tfPass.getString();
                //连接到 HTTP 服务器
                HttpConnection hc=(HttpConnection)Connector.open(url);
                DataInputStream dis=hc.openDataInputStream();
                byte[] b=new byte[(int)hc.getLength()];
                dis.read(b);
                if(new String(b).trim().equals("登录成功")){
                    str.setText("登录成功");
                    frm.removeCommand(cmdLogin);
                }else{
                    str.setText(str.getText()+"\n 登录失败! ");
                }
            }catch(Exception ex){
                ex.printStackTrace();
            }
        }
    }
    protected void destroyApp(boolean arg0)
        throws MIDletStateChangeException{}
    protected void pauseApp(){}
}
```

注意：为避免主程序被阻塞，这里将和服务器通信的程序单独写入一个线程中 class ValidateThread extends Thread。主程序只需要调用这个线程即可：

```java
ValidateThread vt=new ValidateThread();
vt.start();
```

在输入正确的账号和密码后，显示登录成功，如图 7-4 所示。

手机上的 MIDP 程序除要和 JSP 程序通信外，还经常要和服务器上的 Servlet 程序通信。

例 7-3　实现手机的 MIDP 程序与服务器的 Servlet 程序通信。本例由 3 个程序组成：运行在服务器上的 Servlet 程序 TestServer.java，经编译后部署于虚目录 mobile\WEB-INF\classes 子目录中；部署程序 web.xml，存储在虚目录 mobile\WEB-INF 子目录中；手机上运行的 MIDP 程序 Servlet_MIDP.java。

客户端程序：Servlet_MIDP.java

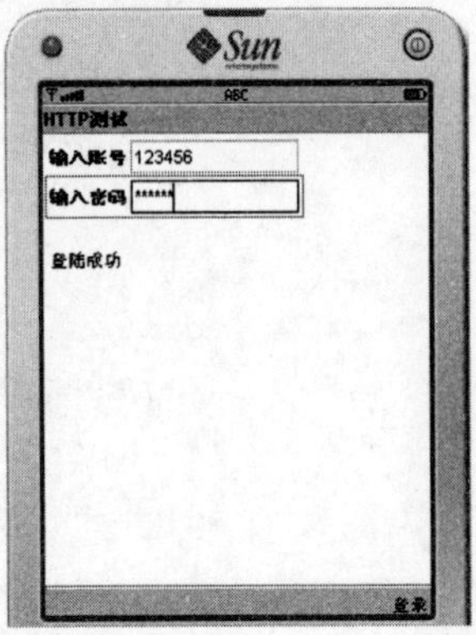

```java
import java.io.IOException;
import java.io.InputStream;
import java.io.OutputStream;
import javax.microedition.io.Connector;
import javax.microedition.io.HttpConnection;
import javax.microedition.lcdui.Choice;
import javax.microedition.lcdui.ChoiceGroup;
import javax.microedition.lcdui.Command;
import javax.microedition.lcdui.CommandListener;
import javax.microedition.lcdui.Display;
import javax.microedition.lcdui.Displayable;
import javax.microedition.lcdui.Form;
import javax.microedition.midlet.MIDlet;
import javax.microedition.midlet.MIDletStateChangeException;
public class Servlet_MIDP extends MIDlet implements CommandListener{
    //默认的连接地址
    private String defaultURL=
                "http://127.0.0.1:8066/mobile/TestServer";
    //请求方法数组
    private String[] methodName={"POST","GET"};
    private byte[] data=new byte[100];
    //请求方法选择框
    private ChoiceGroup cgMethod=
            new ChoiceGroup("Method:",Choice.POPUP,methodName,null);
    //发送命令
    private Command connectCommand=new Command ("Connect",Command.OK,1);
    //退出命令
    private Command exitCommand=new Command ("Exit",Command.EXIT,1);
    private Form mainForm=new Form("HTTP Connection");
    private Display display=null;
    private ConnectionThread connThread=null;
    private HttpConnection httpConn=null;
    public Servlet_MIDP(){
        //TODO Auto-generated constructor stub
        display=Display.getDisplay(this);
```

图 7-4　输入账号和密码

```java
        mainForm.append("URL:\n"+defaultURL);
        mainForm.append(cgMethod);
        mainForm.addCommand(connectCommand);
        mainForm.addCommand(exitCommand);
        mainForm.setCommandListener(this);
        display.setCurrent(mainForm);
    }
    protected void destroyApp(boolean arg0)
                throws MIDletStateChangeException{
        //TODO Auto-generated method stub
    }
    protected void pauseApp(){
        //TODO Auto-generated method stub
    }
    protected void startApp() throws MIDletStateChangeException{
        //TODO Auto-generated method stub
    }
    public void commandAction(Command c,Displayable d){
        //TODO Auto-generated method stub
        if (c==connectCommand){
            if (connThread==null){
                connThread=new ConnectionThread();
            }
            new Thread(connThread).start();
        }else if (c==exitCommand){
            notifyDestroyed();
        }
    }
    class ConnectionThread implements Runnable{
        public void run(){
            //TODO Auto-generated method stub
            try{
                httpConn=(HttpConnection) Connector.open(defaultURL);
                //获取当前选中的请求方法
                int method=cgMethod.getSelectedIndex();
                if(method==0){
                    httpPostMethod();
                }else if(method==1){
                    httpGetMethod();
                }
            }catch (IOException ex){
                ex.printStackTrace();
```

```
        }catch (Exception e){
            e.printStackTrace();
        }finally{
            try{
                if(httpConn != null){
                    httpConn.close();
                    httpConn=null;
                }
            }catch (Exception e){
                e.printStackTrace();
            }
        }
    }
    private void httpPostMethod() throws IOException{
        //TODO Auto-generated method stub
        InputStream is=null;
        OutputStream os=null;
        try{
            //设置请求方法为 POST
            httpConn.setRequestMethod(HttpConnection.POST);
            //设置两个请求参数
            httpConn.setRequestProperty("Book_Name",
                                    "Thinking in Java");
            httpConn.setRequestProperty("Book_Language","Chinese");
            //设置请求内容
            String reqContext="Kehai publishing company";
            os=httpConn.openOutputStream();
            os.write(reqContext.getBytes());
            os.flush();
            int responseCode=httpConn.getResponseCode();
            //获取响应码，如果有异常，则抛出
            if(responseCode != HttpConnection.HTTP_OK){
                throw new IOException("HTTP response code: "+
                                    responseCode);
            }
            //打开一个输入流
            is=httpConn.openInputStream();
            //获取响应包数据的长度
            int len=(int)httpConn.getLength();
            if (len>0){
                int actual=0;
                int bytesread=0 ;
```

```java
            byte[] data=new byte[len];
            while ((bytesread != len) && (actual != -1)){
                actual=is.read(data,bytesread,len-bytesread);
                bytesread += actual;
            }
            //在控制台上显示读取的数据
            System.out.println(new String(data));
            //在手机屏幕上显示读取的数据
            mainForm.append(new String(data));
        }else{
            int ch;
            StringBuffer sb=new StringBuffer();
            while ((ch=is.read()) != -1){
                sb.append((char)ch);
            }
            //在控制台上显示读取的数据
            System.out.println(sb.toString());
            //在手机屏幕上显示读取的数据
            mainForm.append(sb.toString());
        }
    }catch (Exception e){
        e.printStackTrace();
    } finally{
        display.setCurrent(mainForm);
        try{
            if(httpConn != null){
                httpConn.close();
                httpConn=null;
            }
            if(is != null){
                is.close();
                is=null;
            }
        }catch (Exception e){
            e.printStackTrace();
        }
    }
}
private void httpGetMethod() throws IOException{
    InputStream is=null;
    int responseCode=httpConn.getResponseCode();
    try{
```

```java
            //获取响应码，如果有异常，则抛出
            if(responseCode != HttpConnection.HTTP_OK){
                throw new IOException("HTTP response code: "+
                                        responseCode);
            }
            //打开一个输入流
            is=httpConn.openInputStream();
            //获取响应包数据的长度
            int len=(int)httpConn.getLength();
            if (len>0){
                int actual=0;
                int bytesread=0 ;
                byte[] data=new byte[len];
                while ((bytesread != len) && (actual != -1)){
                    actual=is.read(data,bytesread,len-bytesread);
                    bytesread += actual;
                }
                //在控制台上显示读取的数据
                System.out.println(new String(data));
                //在手机屏幕上显示读取的数据
                mainForm.append(new String(data));
            }else{
                int ch;
                StringBuffer sb=new StringBuffer();
                while ((ch=is.read()) != -1){
                    sb.append((char)ch);
                }
                //在控制台上显示读取的数据
                System.out.println(sb.toString());
                //在手机屏幕上显示读取的数据
                mainForm.append(sb.toString());
            }
        }catch (Exception e){
            e.printStackTrace();
        }finally{
            display.setCurrent(mainForm);
            try{
                if(httpConn != null){
                    httpConn.close();
                    httpConn=null;
                }
                if(is != null){
```

```java
                    is.close();
                    is=null;
                }
            } catch (Exception e){
                e.printStackTrace();
            }
        }
    }
}
```

服务器端程序：TestServer.java

```java
import javax.servlet.http.HttpServlet;
import java.io.IOException;
import java.io.InputStream;
import java.io.OutputStream;
import java.io.PrintWriter;
import java.util.Calendar;
import javax.servlet.ServletException;
import javax.servlet.http.HttpServletRequest;
import javax.servlet.http.HttpServletResponse;
public class TestServer extends HttpServlet{
    private OutputStream os=null;
    private InputStream is=null;
    //处理 Get 请求
    protected void doGet(HttpServletRequest request,
                         HttpServletResponse response)
            throws ServletException,IOException{
        String respContext="The server has received a Get request.";
        //获取响应的输入流对象
        try{
            //获取当前时间
            Calendar calendar=Calendar.getInstance();
            String currentTime=calendar.getTime().toString();
            //构建响应内容
            respContext=currentTime+":" +respContext;
            os=response.getOutputStream();
            os.write(respContext.getBytes());
            os.flush();
        } catch (Exception ex){
            ex.printStackTrace();
        } finally{
            try{
```

```
                if(os != null){
                    os.close();
                    os=null;
                }
            } catch (Exception e){
                e.printStackTrace();
            }
        }
}
```

//处理 Post 请求

```
protected void doPost(HttpServletRequest request,
                    HttpServletResponse response)
        throws ServletException,IOException{
    String respContext="The server has received a Post request.";
    //获取响应的输入流对象
    try{
        //获取请求参数
        String BName=request.getHeader("Book_Name");
        String BLanguage=request.getHeader("Book_Language");
        is=request.getInputStream();
        int ch;
        StringBuffer sb=new StringBuffer();
        while ((ch=is.read()) != -1){
            sb.append((char)ch);
        }
        //获取当前时间
        Calendar calendar=Calendar.getInstance();
        String currentTime=calendar.getTime().toString();
        //构建响应内容
        respContext=currentTime+":"+respContext+"\n";
        respContext=respContext+"Book_Name:"+BName+"\n";
        respContext=respContext+"Book_Language:"+BLanguage+"\n";
        respContext=respContext+"Book_Pubulisher:"+
                    sb.toString()+"\n";
        os=response.getOutputStream();
        os.write(respContext.getBytes());
        os.flush();
    }catch (Exception ex){
        ex.printStackTrace();
    }finally{
        try{
            if(os != null){
```

```
                os.close();
                os=null;
            }
        }catch (Exception e){
            e.printStackTrace();
        }
    }
}
```

部署程序：web.xml

```xml
<?xml version="1.0" encoding="ISO-8859-1"?>
<web-app>
<servlet>
  <servlet-name>TestServer</servlet-name>
  <servlet-class>TestServer</servlet-class>
 </servlet>
 <servlet-mapping>
  <servlet-name>TestServer</servlet-name>
  <url-pattern>/TestServer</url-pattern>
 </servlet-mapping>
</web-app>
```

选择传输方法界面如图 7-5 所示，选择 doPost 方法后运行结果如图 7-6 所示，选择 doGet 方法后运行结果如图 7-7 所示。

图 7-5　选择传输方法

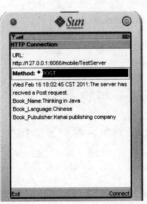
图 7-6　选择 doPost 方法

图 7-7　选择 doGet 方法

7.3　套接字编程

从 MIDP 2.0 规范开始，系统提供了一些低级别网络接口的实现，包括套接字 Socket、数据报和文件 IO 通信等。套接字连接是基于 TCP 协议的安全连接。

本节介绍 MIDP 中的套接字编程方法，使用的主要 API 包是：javax.microedition.io，其解决的基本问题与 HTTP 编程相同，同样用于客户端的手机与服务器通信。

服务器接收客户端使用的 API 是：javax.microedition.io.ServerSocket.Connection，客户端与服务器通信使用的 API 是：javax.microedition.io.Socket.Connection。

创建套接字连接对象与 Http 连接方法相同，同样使用 Connector 类的 open( )方法创建：

```
public static Connection open(String name) throws IOException
```

7.3.1 客户端与服务器的套接字连接

手机客户端连接服务器时，其参数 name 打开套接字连接的字符串格式为：

```
socket://IP 地址：端口号
```

例如，客户端要连接到 IP 地址（即服务器 IP 地址）为 218.197.118.80，端口号为 9999 的端口，返回 SocketConnection 连接对象 sc，相应代码为：

```
SocketConnection sc=
    (SocketConnection)Connector.open ("socket://218.197.118.80:9999");
```

服务器端监听某个端口时的连接对象类型为 serverSocketConnection，字符串格式为：

```
socket://:端口号
```

服务器要获得监听 9999 号端口的连接对象，创建的连接对象为 ssc，相应代码为：

```
ServerSocketConnection ssc=
    (ServerSocketConnection) Connector.open("socket://:9999");
```

客户端使用 SocketConnection 对象向服务器提出连接的请求，对于服务器来说，应该得到客户端的这个 SocketConnection 对象，并以此为基础完成通信。获得客户端 SocketConnection 对象的任务是由 ServerSocketConnection 完成的。它从父接口 javax.microedition.io.StreamConnectionNotifier 中继承了方法：

```
public StreamConnection acceptAndOpen()throws IOException
```

由于 SocketConnection 刚好是 StreamConnection 的子接口，因此服务器端可以使用如下代码获得连接的客户端连接对象：

```
SocketConnection sc=(SocketConnection)ssc.acceptAndOpen();
```

7.3.2 套接字连接可以得到的基本信息

通过客户端连接 SocketConnection 对象，得到远程 IP 地址的方法如下：

```
public String getAddress()throws IOException
```

得到本地地址的方法如下：

```
public String getLocalAddress()throws IOException
```

此外，SocketConnection 接口还提供以下两个方法设置和获取 Socket 连接的参数：

```
public void setSocketOption(byte option,int value)
            throws IllegalArgumentException,IOException
```

功能：设置套接字选项的值，将参数 option 指定选项的值设为 value。

```
public int getSocketOption(byte option)
            throws IllegalArgumentException,IOException
```

功能：返回套接字选项的值，如果值无效则返回 - 1，参数 option 为选项标识符。

在这两个方法中，参数 option 可取的值和含义说明如下。

- DELAY：写入延迟时间。设置为 0 表示禁用该特性，非 0 表示启用该特性。
- LINGER：空闲等待时间。在关闭连接前，将等待发送的数据发送完所需的时间，单位为秒。设置为 0 时表示禁用。
- KEEPALIVE：Socket 连接保持连接存活的时间。设置为 0 表示禁用，非 0 表示启用。
- RCVBUF：接收缓冲区的大小，单位为字节。
- SNDBUF：发送缓冲区的大小，单位为字节。

例 7-4 在服务器和手机客户端之间建立套接字连接。本例包括两个程序：服务器端程序 SocketServerMIDlet.java 和客户端程序 SocketClientMIDlet.java。先运行服务器端程序，再运行客户端程序。

服务器端程序：SocketServerMIDlet.java

```java
import javax.microedition.io.Connector;
import javax.microedition.io.ServerSocketConnection;
import javax.microedition.io.SocketConnection;
import javax.microedition.lcdui.Display;
import javax.microedition.lcdui.Form;
import javax.microedition.midlet.MIDlet;
import javax.microedition.midlet.MIDletStateChangeException;
public class SocketServerMIDlet extends MIDlet{
    private Display dis;
    private Form frm=new Form("服务器端，目前未见连接");
    protected void startApp()throws MIDletStateChangeException{
        dis=Display.getDisplay(this);
        dis.setCurrent(frm);
        try{
            ServerSocketConnection ssc=
                (ServerSocketConnection)Connector.open("socket://:9999");
            SocketConnection sc=(SocketConnection)ssc.acceptAndOpen();
            String remote=sc.getAddress();
            frm.setTitle("服务器端，目前有"+remote+"连接上");
        }catch(Exception ex){
            ex.printStackTrace();
        }
    }
    protected void destroyApp(boolean arg0)
                    throws MIDletStateChangeException{}
    protected void pauseApp(){}
}
```

客户端程序：SocketClientMIDlet.java

```java
import javax.microedition.io.Connector;
import javax.microedition.io.SocketConnection;
import javax.microedition.lcdui.Command;
import javax.microedition.lcdui.CommandListener;
```

```java
import javax.microedition.lcdui.Display;
import javax.microedition.lcdui.Displayable;
import javax.microedition.lcdui.Form;
import javax.microedition.midlet.MIDlet;
import javax.microedition.midlet.MIDletStateChangeException;
public class SocketClientMIDlet
            extends MIDlet implements CommandListener,Runnable{
    private Display dis;
    private Form frm=new Form("客户端");
    private Command cmd=new Command("连接",Command.SCREEN,1);
    protected void startApp() throws MIDletStateChangeException{
        dis=Display.getDisplay(this);
        dis.setCurrent(frm);
        frm.addCommand(cmd);
        frm.setCommandListener(this);
    }
    public void commandAction(Command arg0,Displayable arg1){
        new Thread(this).start();
    }
    public void run(){
        try{
            SocketConnection sc=(SocketConnection)Connector.open(
                    "socket: //127.0.0.1:9999");//连接到服务器端
            frm.setTitle("恭喜您,已经连上");
            frm.removeCommand(cmd);
        }catch(Exception ex){
            ex.printStackTrace();
        }
    }
    protected void destroyApp(boolean arg0)
                throws MIDletStateChangeException{}
    protected void pauseApp(){}
}
```

套接字连接运行结果如图 7-8 和图 7-9 所示。

图 7-8　服务器端套接字连接　　　　　图 7-9　客户端套接字连接

7.3.3 套接字连接通信

使用套接字通信同样要利用输入、输出流。首先介绍打开输入、输出流的方法。

（1）打开输入流

SocketConnection 同 HTTPConnection 一样，从 InputConnection 中继承了两个创建输入流对象的方法：

```
public InputStream openInputStream() throws IOException
```

功能：创建输入流，返回 InputStream 对象。

```
public DataInputStream openDataInputStream() throws IOException
```

功能：创建数据输入流，返回 DataInputStream 对象。

第二个方法返回 DataInputStream 对象，有更强的读入能力。

数据输入流对象可以使用语句：

```
public final int read(byte[] b) throws IOException
```

将对方数据以字节数组的方式读入。

并且，DataInputStream 对象可以直接读取一个字符串：

```
public final String readUTF()throws IOException
```

（2）打开输出流

SocketConnection 同样从 OutputConnection 中继承了两个创建输出流的方法：

```
public OutputStream()throws IOException
```

```
public DataOutputStream openDataOutputStream()throws IOException
```

第二个方法返回 DataOutputStream 对象，有更强的写能力。

可以使用多个 write 方法，如：

```
public final void write(byte [] b,int off,int len) throws IOException
```

功能：向对方写一个字节数组。

```
public final void writeUTF(String str) throws IOException
```

功能：向对方直接写一个字符串。

例 7-5　用套接字实现服务器与客户端双向聊天。本例包括两个程序：服务器端程序 TCPServerMIDlet.java 和客户端程序 TCPGroupClientMIDlet.java。

服务器端程序：TCPServerMIDlet.java

```
import java.io.DataInputStream;
import java.io.DataOutputStream;
import javax.microedition.io.Connector;
import javax.microedition.io.ServerSocketConnection;
import javax.microedition.io.SocketConnection;
import javax.microedition.lcdui.Command;
import javax.microedition.lcdui.CommandListener;
import javax.microedition.lcdui.Display;
import javax.microedition.lcdui.Displayable;
import javax.microedition.lcdui.Form;
import javax.microedition.lcdui.TextField;
```

```
import javax.microedition.midlet.MIDlet;
import javax.microedition.midlet.MIDletStateChangeException;
public class TCPServerMIDlet extends MIDlet implements CommandListener{
    private ServerSocketConnection ssc=null;
    private SocketConnection sc=null;
    private DataInputStream dis=null;
    private DataOutputStream dos=null;
    private TextField tfMsg=new TextField("输入聊天信息","",255,
                                    TextField.ANY);
    private Command cmdSend=new Command("发送",Command.SCREEN,1);
    private Form frmChat=new Form("聊天界面:服务器端");
    private Display display;
    protected void startApp()throws MIDletStateChangeException{
        display=Display.getDisplay(this);
        display.setCurrent(frmChat);
        frmChat.addCommand(cmdSend);
        frmChat.append(tfMsg);
        frmChat.setCommandListener(this);
        frmChat.append("以下是聊天记录：\n");
        try{
            ssc=(ServerSocketConnection)Connector.open(
                                    "socket://:9999");
            sc=(SocketConnection)ssc.acceptAndOpen();
            dis=sc.openDataInputStream();
            dos=sc.openDataOutputStream();
            new ReceiveThread().start();
        }catch(Exception ex){
            ex.printStackTrace();
        }
    }
    public void commandAction(Command c,Displayable d){
        if(c==cmdSend){
            try{
                dos.writeUTF("服务器说："+tfMsg.getString());
            }catch(Exception ex){}
        }
    }
    class ReceiveThread extends Thread{
        public void run(){
            while(true){
                try{
                    String msg=dis.readUTF();
```

```
                    frmChat.append(msg+"\n");
                }catch(Exception ex){ex.printStackTrace();}
            }
        }
    }
    protected void destroyApp(boolean arg0)
                throws MIDletStateChangeException{}
    protected void pauseApp(){}
}
```

客户端程序：TCPGroupClientMIDlet.java

```
import java.io.DataInputStream;
import java.io.DataOutputStream;
import javax.microedition.io.Connector;
import javax.microedition.io.SocketConnection;
import javax.microedition.lcdui.*;
import javax.microedition.midlet.*;
public class TCPClientMIDlet extends MIDlet implements CommandListener{
    private SocketConnection sc=null;
    private DataInputStream dis=null;
    private DataOutputStream dos=null;
    private TextField tfMsg=new TextField("输入聊天信息","",255,
                                        TextField.ANY);
    private Command cmdSend=new Command("发送",Command.SCREEN,1);
    private Form frmChat=new Form("聊天界面：客户端");
    private Display display;
    protected void startApp() throws MIDletStateChangeException{
        display=Display.getDisplay(this);
        display.setCurrent(frmChat);
        frmChat.addCommand(cmdSend);
        frmChat.append(tfMsg);
        frmChat.setCommandListener(this);
        frmChat.append("以下是聊天记录：\n");
        try{
            sc=(SocketConnection)Connector.open(
                        "socket://127.0.0.1:9999");
            dis=sc.openDataInputStream();
            dos=sc.openDataOutputStream();
            new ReceiveThread().start();
        }catch(Exception ex){
            ex.printStackTrace();
        }
    }
```

```
public void commandAction(Command c,Displayable d){
    if(c==cmdSend){
        try{
            dos.writeUTF("客户端说："+tfMsg.getString());
        }catch(Exception ex){}
    }
}
class ReceiveThread extends Thread{
    public void run(){
        while(true){
            try{
                String msg=dis.readUTF();
                    frmChat.append(msg+"\n");
            }catch(Exception ex){}
        }
    }
}
protected void destroyApp(boolean arg0)
            throws MIDletStateChangeException{}
protected void pauseApp(){}
}
```

服务器端运行结果如图 7-10 所示，客户端运行结果如图 7-11 所示。

图 7-10　服务器端运行结果　　　　图 7-11　客户端运行结果

例 7-6　例 7-5 只需稍加改进就可以完成多客户端的群聊功能。

服务器端程序：TCPGroupServerMIDlet.java

```
import java.io.DataInputStream;
import java.io.DataOutputStream;
import java.util.Vector;
import javax.microedition.io.Connector;
import javax.microedition.io.ServerSocketConnection;
import javax.microedition.io.SocketConnection;
```

```java
import javax.microedition.midlet.MIDlet;
import javax.microedition.midlet.MIDletStateChangeException;
public class TCPGroupServerMIDlet extends MIDlet implements Runnable{
    private ServerSocketConnection ssc=null;
    private SocketConnection sc=null;
    private Vector clients=new Vector();
    private boolean CANACCPT=true;
    protected void startApp() throws MIDletStateChangeException{
        try{
            ssc=(ServerSocketConnection)Connector.open(
                                    "socket://:9999");
            new Thread(this).start();
        }catch(Exception ex){
            ex.printStackTrace();
        }
    }
    public void run(){
        while(CANACCPT){//不断接受客户端的连接
            try{
                sc=(SocketConnection)ssc.acceptAndOpen();
                //开一个线程给这个客户端
                ChatThread ct=new ChatThread(sc);
                clients.addElement(ct);//将线程添加进集合
                ct.start();
            }catch(Exception ex){
                ex.printStackTrace();
            }
        }
    }
    protected void destroyApp(boolean arg0)
                throws MIDletStateChangeException{}
    protected void pauseApp(){}
    //每连接上一个客户端，就开一个聊天线程
    class ChatThread extends Thread{
        private DataInputStream dis;
        private DataOutputStream dos;
        private boolean CANREAD=true;
        public ChatThread(SocketConnection sc){
            try{
                dis=sc.openDataInputStream();
                dos=sc.openDataOutputStream();
            }catch(Exception ex){
```

```
                    ex.printStackTrace();
                }
            }
            //负责读取相应SocketConnection的信息
            public void run(){
                while(CANREAD){
                    try{
                        String str=dis.readUTF();
                        //将该信息发送给所有客户端，访问集合中的所有线程
                        for(int i=0;i<clients.size();i++){
                            ChatThread ct=(ChatThread)clients.elementAt(i);
                            ct.dos.writeUTF(str);
                        }
                    }catch(Exception ex){
                        ex.printStackTrace();
                    }
                }
            }
        }
    }
```

客户端程序：TCPGroupClientMIDlet.java

```
    import java.io.DataInputStream;
    import java.io.DataOutputStream;
    import javax.microedition.io.*;
    import javax.microedition.lcdui.*;
    import javax.microedition.midlet.*;
    public class TCPGroupClientMIDlet
                extends MIDlet implements CommandListener,Runnable{
    private SocketConnection sc=null;
    private DataInputStream dis=null;
    private DataOutputStream dos=null;
    private boolean ISRUN=true;
    private TextField tfNickName=new TextField("输入昵称","",10,
                                            TextField.ANY);
    private TextField tfMsg=new TextField("输入聊天信息","",255,
                                            TextField.ANY);
    private Command cmdSend=new Command("发送",Command.SCREEN,1);
    private Form frmChat=new Form("客户端聊天界面");
    private Display display;
    protected void startApp() throws MIDletStateChangeException{
```

```
        display=Display.getDisplay(this);
        display.setCurrent(frmChat);
        frmChat.append(tfNickName);
        frmChat.append(tfMsg);
        frmChat.addCommand(cmdSend);
        frmChat.setCommandListener(this);
        frmChat.append("以下是聊天记录: \n");
        try{
            sc=(SocketConnection)Connector.open(
                            "socket://127.0.0.1:9999");
            dis=sc.openDataInputStream();
            dos=sc.openDataOutputStream();
            new Thread(this).start();
        }catch(Exception ex){
            ex.printStackTrace();
        }
    }
    public void commandAction(Command c,Displayable d){
        try{
            dos.writeUTF(tfNickName.getString()+"说: "+
                        tfMsg.getString());
        }catch(Exception ex){
            ex.printStackTrace();
        }
    }
    public void run(){
        while(ISRUN){
            try{
                String msg=dis.readUTF();
                frmChat.append(msg+"\n");
            }catch(Exception ex){}
        }
    }
    protected void destroyApp(boolean arg0)
                    throws MIDletStateChangeException{}
    protected void pauseApp(){}
}
```

服务器端运行结果为空白，昵称为"客户端 AA"的运行结果如图 7-12 所示，昵称为"客户端 B"的运行结果如图 7-13 所示。

图 7-12　客户端 AA 运行结果

图 7-13　客户端 B 运行结果

7.4　UDP 数据报编程

在此之前介绍的套接字接口是基于 TCP 协议的安全连接，是面向连接的类型。与 TCP 协议同属 TCP/IP 协议传输层的还有 UDP 协议，而 Datagram 和 DatagramConnection 接口是基于 UDP 数据报的，面向无连接的数据类型。它只负责传输信息，并不保证信息一定会被收到，虽然安全性稍差，但传输速度较快。它所使用的协议是 UDP 协议，采用这同一协议的还有 DNS、SNMP、QQ 等，使用网络编程的 API 是：javax.microedition.io.UDPDatagramConnection。

7.4.1　客户端与服务器端数据报连接

UDP 数据报通信方式仍然是手机作为客户端，将信息发到服务器中，然后由服务器转发到目标客户端。所以，通信的客户端必须先连接服务器的 IP 地址和端口，在服务器端则必须监听某个端口。

在 UDP 数据报编程中，服务器端对端口的监听是由 UDPDatagramConnection 类的对象完成的。数据报的这个连接对象仍然需要使用 Connector 类的 open( )方法得到。

创建服务器端连接作为 open( )方法参数的字符串的格式为：

　　datagram://:端口号

例如，datagram://:9999 表示数据报服务器监听 9999 号端口。

获得服务器上监听 9999 号端口的连接对象 udc 的语句如下：

```
UDPDatagramConnection udc=(UDPDataConnection)Connector.open(
                    "datagram://:9999");
```

对于客户端连接服务器，连接作为 open( )方法参数的字符串的格式为：

　　datagram://服务器 IP:端口号

客户端希望链接到本机服务器获得数据报连接对象的语句如下：

```
udc=(UDPDataConnection)Connector.open("datagram://127.0.0.1:9999");
```

对于面向连接的 TCP 套接字通信，服务器需要 acceptAndOpen 方法等待客户端的连接。然而对于无连接的数据报通信，这是不需要的。

7.4.2　数据报的传递

在套接字通信中要用输入/输出流，在 UDP 通信中，则采用另外一种数据报的形式进行。发送数据报为输出，接收数据报为输入。为此 UDPDatagramConnection 从 DatagramConnection 中继承了两个发送和接收数据报的方法。

接收数据报的方法：

```
public void receive(Datagram dgram)throws IOException
```

发送数据报的方法：

```
public void send(Datagram dgram)throws IOException
```

这两个方法的参数 Datagram 是一个接口，它同时具有输入和输出功能。由于是接口，因此不能用构造方法创建对象。

Datagram 对象由 DUPDatagramConnection 从 DatagramConnection 继承下列方法来创建：

```
public Datagram newDatagram(int size)throws IOException
public Datagram newDatagram(byte[] buf,int size)throws IOException
public Datagram newDatagram(byte[] buf,int size ,String addr)throws
                        IOException
public Datagram newDatagram(int size,String addr)throws IOException
```

其中，参数 size 指定 Datagram 所需数据缓冲区的大小；参数 buf 指定数据报内部使用的缓冲区装载数据报内容；参数 addr 指定数据报发送或接收地址。

数据报一定要有发送地址才能知道要发送到哪里。从创建方法可以看出，有的数据报是没有发送地址的，那么，如何指定发送地址？规则如下。

（1）客户端在确定服务器的情况下，所创建的 Datagram 对象不需要设置地址，数据报可直接发送到服务器中。

（2）服务器事先不知道客户端的 IP 地址，服务器可以使用如下方法将另一个数据报的地址设定为发送地址：

```
public void setAddress(Datagram reference)
```

由此可知，一般通信时，客户端首先给服务器发送一个 Datagram，让服务器用这个数据报作为参考，知道客户端地址，之后与客户通信。

Datagram 接口还有一些数据报通信常用方法。

设定数据报长度的方法：

```
public void setLength(int len)
```

以字符串的形式设定发送地址的方法：

```
public void setAddress(String addr)throws IOException
```

设置数据报的数据的方法：

```
public void setData(byte[] buffer,int offset,int len)
```

获取发送地址的方法：

```
public String getAddress()
```

获取数据的方法：

```
public byte[] getData()
```

获取数据报长度的方法：

```
public int getLength()
```

例 7-7　实现手机客户端与服务器聊天功能。

服务器端程序：UDPServerMIDlet.java

```java
import javax.microedition.io.Connector;
import javax.microedition.io.Datagram;
import javax.microedition.io.UDPDatagramConnection;
import javax.microedition.lcdui.Command;
import javax.microedition.lcdui.CommandListener;
import javax.microedition.lcdui.Display;
import javax.microedition.lcdui.Displayable;
import javax.microedition.lcdui.Form;
import javax.microedition.lcdui.TextField;
import javax.microedition.midlet.MIDlet;
import javax.microedition.midlet.MIDletStateChangeException;
public class UDPServerMIDlet extends MIDlet implements CommandListener{
    private UDPDatagramConnection udc=null;
    private String address=null;
    private TextField tfMsg=new TextField("输入聊天信息","",255,
                                        TextField.ANY);
    private Command cmdSend=new Command("发送",Command.SCREEN,1);
    private Form frmChat=new Form("聊天界面:服务器端");
    private Display display;
    protected void startApp() throws MIDletStateChangeException{
        display=Display.getDisplay(this);
        display.setCurrent(frmChat);
        frmChat.addCommand(cmdSend);
        frmChat.append(tfMsg);
        frmChat.setCommandListener(this);
        frmChat.append("以下是聊天记录: \n");
        try{
            udc=(UDPDatagramConnection)Connector.open("datagram:
                                        //:9999");
            new ReceiveThread().start();
        }catch(Exception ex){
            ex.printStackTrace();
        }
    }
    public void commandAction(Command c,Displayable d){
        if(c==cmdSend){
            try{
                String msg="服务器说: "+tfMsg.getString();
                byte[] data=msg.getBytes();
```

```
                Datagram datagram=
                        udc.newDatagram(data,data.length,address);
                udc.send(datagram);
            }catch(Exception ex){}
        }
    }
    class ReceiveThread extends Thread{
        public void run(){
            while(true){
                try{
                    Datagram datagram=udc.newDatagram(255);
                    udc.receive(datagram);
                    String msg=new String(datagram.getData(),0,
                                    datagram.getLength());
                    frmChat.append(msg+"\n");
                    address=datagram.getAddress();
                }catch(Exception ex){ex.printStackTrace();}
            }
        }
    }
    protected void destroyApp(boolean arg0)
                throws MIDletStateChangeException{}
    protected void pauseApp(){}
}
```

客户端程序：UDPClientMIDlet.java

```
import javax.microedition.io.Connector;
import javax.microedition.io.Datagram;
import javax.microedition.io.UDPDatagramConnection;
import javax.microedition.lcdui.Command;
import javax.microedition.lcdui.CommandListener;
import javax.microedition.lcdui.Display;
import javax.microedition.lcdui.Displayable;
import javax.microedition.lcdui.Form;
import javax.microedition.lcdui.TextField;
import javax.microedition.midlet.MIDlet;
import javax.microedition.midlet.MIDletStateChangeException;
public class UDPClientMIDlet extends MIDlet implements CommandListener{
    private UDPDatagramConnection udc=null;
    private TextField tfMsg=new TextField("输入聊天信息","",255,
                                    TextField.ANY);
    private Command cmdSend=new Command("发送",Command.SCREEN,1);
    private Form frmChat=new Form("聊天界面:客户端");
```

```java
    private Display display;
    protected void startApp() throws MIDletStateChangeException{
        display=Display.getDisplay(this);
        display.setCurrent(frmChat);
        frmChat.addCommand(cmdSend);
        frmChat.append(tfMsg);
        frmChat.setCommandListener(this);
        frmChat.append("以下是聊天记录：\n");
        try{
            udc=(UDPDatagramConnection)Connector.open("datagram:
                                        //127.0.0.1:9999");
            new ReceiveThread().start();
        }catch(Exception ex){
            ex.printStackTrace();
        }
    }
    public void commandAction(Command c,Displayable d){
        if(c==cmdSend){
            try{
                String msg="客户端说："+tfMsg.getString();
                byte[] data=msg.getBytes();
                Datagram datagram=udc.newDatagram(data,data.length);
                udc.send(datagram);
            }catch(Exception ex){}
        }
    }
    class ReceiveThread extends Thread{
        public void run(){
            while(true){
                try{
                    Datagram datagram=udc.newDatagram(255);
                    udc.receive(datagram);
                    String msg=new String(datagram.getData(),0,
                                        datagram.getLength());
                    frmChat.append(msg+"\n");
                }catch(Exception ex){ex.printStackTrace();}
            }
        }
    }
    protected void destroyApp(boolean arg0)
                throws MIDletStateChangeException{}
    protected void pauseApp(){}
}
```

服务器端运行结果如图 7-14 所示，客户端运行结果如图 7-15 所示。在运行时，先要从客户端向服务器发送信息，服务器才可以回应客户端的请求，为什么？请读者思考。

图 7-14　服务器端运行结果　　　　　　图 7-15　客户端运行结果

前面实现了服务器与客户端的聊天系统，但在实际应用中需要的是客户端与客户端的信息交换。客户端对客户端的聊天系统就是将客户端的数据报经服务器转发。

例 7-8　实现多客户端的聊天系统。

服务器端程序：**UDPGroupServerMIDlet.java**

```java
import java.util.Vector;
import javax.microedition.io.Connector;
import javax.microedition.io.Datagram;
import javax.microedition.io.UDPDatagramConnection;
import javax.microedition.midlet.MIDlet;
import javax.microedition.midlet.MIDletStateChangeException;
public class UDPServerMIDlet7_8 extends MIDlet implements Runnable{
    private UDPDatagramConnection udc=null;
    private Vector addresses=new Vector();//保存所有客户端地址
    private boolean ISRUN=true;
    protected void startApp() throws MIDletStateChangeException{
        try{
            udc=(UDPDatagramConnection)Connector.open("datagram:
                                            //:9999");
            new Thread(this).start();
        }catch(Exception ex){
            ex.printStackTrace();
        }
    }
    public void run(){
        while(ISRUN){//读取信息
            try{
                Datagram datagram=udc.newDatagram(255);
                udc.receive(datagram);
```

```java
                String msg=new String(datagram.getData(),0,
                                datagram.getLength());
            //维护地址集合
            String address=datagram.getAddress();
            if(!addresses.contains(address)){
                addresses.addElement(address);
            }
            this.sendToAll(msg.getBytes());//发送给所有客户端
        }catch(Exception ex){
            ex.printStackTrace();
        }
    }
}
public void sendToAll(byte[] data) throws Exception{
    for(int i=0;i<addresses.size();i++){
        String address=(String)addresses.elementAt(i);
        Datagram datagram=udc.newDatagram(data,data.length,address);
        udc.send(datagram);
    }
}
protected void destroyApp(boolean arg0)
                throws MIDletStateChangeException{}
protected void pauseApp(){}
}
```

客户端程序：UDPGroupClientMIDlet.java

```java
import javax.microedition.io.Connector;
import javax.microedition.io.Datagram;
import javax.microedition.io.UDPDatagramConnection;
import javax.microedition.lcdui.Command;
import javax.microedition.lcdui.CommandListener;
import javax.microedition.lcdui.Display;
import javax.microedition.lcdui.Displayable;
import javax.microedition.lcdui.Form;
import javax.microedition.lcdui.TextField;
import javax.microedition.midlet.MIDlet;
import javax.microedition.midlet.MIDletStateChangeException;
public class UDPGroupClientMIDlet
        extends MIDlet implements CommandListener,Runnable{
    private UDPDatagramConnection udc=null;
    private boolean ISRUN=true;
    private TextField tfNickName=new TextField("输入昵称","",10,
                                TextField.ANY);
```

```
private TextField tfMsg=new TextField("输入聊天信息","",255,
                                       TextField.ANY);
private Command cmdSend=new Command("发送",Command.SCREEN,1);
private Form frmChat=new Form("客户端聊天界面");
private Display display;
protected void startApp() throws MIDletStateChangeException{
    display=Display.getDisplay(this);
    display.setCurrent(frmChat);
    frmChat.append(tfNickName);
    frmChat.append(tfMsg);
    frmChat.addCommand(cmdSend);
    frmChat.setCommandListener(this);
    frmChat.append("以下是聊天记录：\n");
    try{
        udc=(UDPDatagramConnection)Connector.open("datagram:
                                        //127.0.0.1:9999");
        Datagram datagram=udc.newDatagram(0);
        udc.send(datagram);
        new Thread(this).start();
    }catch(Exception ex){
        ex.printStackTrace();
    }
}
public void commandAction(Command c,Displayable d){
    try{
        String msg=tfNickName.getString()+"说："+tfMsg.getString();
        byte[] data=msg.getBytes();
        Datagram datagram=udc.newDatagram(data,data.length);
        udc.send(datagram);
    }catch(Exception ex){
        ex.printStackTrace();
    }
}
public void run(){
    while(ISRUN){
        try{
            Datagram datagram=udc.newDatagram(255);
            udc.receive(datagram);
            String msg=new String(datagram.getData(),0,
                                datagram.getLength());
            frmChat.append(msg+"\n");
        }catch(Exception ex){
            ex.printStackTrace();
```

```
                    }
                }
            }
        protected void destroyApp(boolean arg0)
                        throws MIDletStateChangeException{}
        protected void pauseApp(){}
    }
```
只需要在两个项目中运行两个不同名字但内容相同的客户端程序即可。

服务器端运行结果如图 7-16 所示，客户端和客户端 0 运行结果如图 7-17 和图 7-18 所示。

图 7-16　服务器端运行结果　　　　图 7-17　客户端运行结果　　　　图 7-18　客户端 0 运行结果

习题 7

1. Connector 类，创建 HTTP 协议连接的字符串是什么？举例说明。
2. Connector 类，创建套接字连接的字符串是什么？举例说明。
3. Connector 类，创建数据报协议连接的字符串是什么？举例说明。
4. Connector 类提供了_____和_____两个输出流。
5. Connector 类提供了_____和_____两个输入流。
6. 套接字连接通过_____方法，在服务器端建立针对端口的监听器。
7. HTTP 连接，设置的请求有_____、_____和_____三种方法。
8. 数据报连接接口提供的发送和接收数据报的方法是：_____和_____。
9. 为了使网络连接具有高度的灵活性和通用性，保证能够适用于各种各样的小型设备，MIDP 在这方面引入了_____的概念。
10. Connector 类主要用于创建_____对象，该类提供了打开连接和创建输入/输出流的方法。
11. 在 HttpConnection 中定义的设置请求的方法有两个，第一个方法是：

```
    public void setRequestMethod(String method) throws IOException
```
另一个是：
_____

12. 利用 Http 协议或套接字协议通信，发送和接收信息的程序段必须放在独立的_____，以避免程序的阻塞。
13. 数据报通信，在运行时，要首先从客户端开始向服务器发送信息，服务器才可以回应客户端的请求，为什么？

第 8 章　MIDP 记录存储器

本章简介：本章主要介绍：记录存储器的基本概念和使用；简单记录的操作，包括添加新记录，读/写记录；复杂记录的操作，包括添加新的复杂记录，读/写复杂记录；枚举记录表的使用，包括读入简单记录，读入复杂记录；记录的排序；记录的筛选。

在传统的服务器或普通 PC 机中，持续性存储是由外存储器完成的；但在以手机为典型设备的手持电子设备中，提供持续性存储的资源比较匮乏。为此，在 MIDP 中提供了一种面向记录的简单数据管理系统，这就是记录管理系统（Record Management System，RMS）。

8.1　RMS 概述

记录管理系统类通过记录保存和管理信息，记录存储类似数据库中的表，主要提供一种持久存储的服务。它由 MIDlet 程序创建，并隶属于 MIDlet 套件。

MIDP 2.0 规范提供了对记录存储器的支持，在 javax.microedition.rms 包中定义了对 RMS 进行管理的 API，包括：一个类 RecordStore；4 个接口，即 RecordComparator、RecordEnumeration、RecordFilter 和 RecordListener；5 个可能抛出的异常，即 InvalidRecordIDException、RecordStoreException、RecordStoreFullException、RecordStoreNotFoundException 和 RecordStoreNotOpenException。

1. 记录管理系统的概念

记录管理系统具有数据库管理系统的特征，即记录管理系统组织数据是按照行列的方式进行组织的，每一个信息在记录管理系统中都表现为一个记录，每一个记录可以由多个数据段组成。可以通过添加记录的方式将数据持久地保存在记录管理系统中；通过删除记录的方式删除信息；同时，记录管理系统还允许用户对记录进行排序和查找。

2. Records 记录

记录是存储数据的基本单位，是数据在存储中的最小组织单元。一个记录可以包含一个数据或多个数据。这些数据的类型可以相同，也可以不同。包含一种数据类型（一般指字符串类型）的记录，称为简单记录；包含多个数据多种类型的记录，称为复杂记录。对简单记录和复杂记录的操作过程有一些区别，这一点在后面会看到。

一个记录由一个整型的 RecordID 和一个代表数据的字节数组组成。RecordID 用于标识每一个记录，方便系统对记录进行管理，由系统自动维护。字节数组是存储的数据，真实地存储在记录管理系统中。记录中的数据，无论其类型如何，都是以字节数组的方式连续存放的。

3. RecordStore 记录存储器

记录存储器是记录的有序集合，记录存储器是一个存储记录的容器。要持久保存数据，首先要建立一个记录存储器，然后再将数据以记录的形式添加到记录存储器中完成存储。

每个记录存储器都用一个字符串来唯一标识它，该字符串的长度不能超过 32 个 Unicode 字符。

可以在同一个 MIDlet 套件中创建多个记录存储器，来存储具有不同含义的持久性数据。表示记录存储器的字符串，即名字，在套件的范围内必须唯一。

8.2　记录存储器

8.2.1　管理记录存储器

管理记录存储器涉及的方法主要包括：创建、打开、关闭和删除记录存储器。

1. 打开和创建一个记录存储器

有三个重载的方法，方法 1：

```
public static openRecordStore(recordStoreName,openMode)
```

功能：新建一个记录存储器或打开一个已经存在的记录存储器。使用该方法有两种情况：如果参数 openMode 值为 true，则打开一个指定名字为 recordStoreName 的记录存储器，若该记录存储器不存在，则创建新的记录存储器；如果参数 openMode 值为 false，则打开指定名字为 recordStoreName 的记录存储器，若该存储器不存在，则不创建记录存储器。

方法 2：

```
public static openRecordStore(recordStoreName,openMode,authMode,writable)
```

前面两个参数含义与上一个方法相同。参数 authMode 指定能否被其他的 MIDlet 套件共享，若取值为 RecordStore.AUTHMODE_PRIVATE，则表示只能被当前的 MIDlet 套件共享；若取值为 RecordStore.AUTHMODE_ANY，则表示其他 MIDlet 套件也可以使用。此参数只在新建记录存储时有效。参数 writable 指定所创建的记录存储是否可以被其他 MIDlet 套件写入，取值为 true 表示可以写入，取值为 false 表示不可以写入。

方法 3：

```
public static openRecordStore(recordStoreName,vendorName,suiteName)
```

功能：在指定的 MIDlet 套件中打开一个记录存储器。其中，参数 recordStoreName 指定要打开记录存储的名称；参数 vendorName 指定套件厂商名称；参数 suiteName 指定 MIDlet 套件名称。

注意：RecordStore 类中没有定义 new( )方法用来创建记录存储器，程序员必须使用 open( )方法创建新存储器。

打开记录存储器后，就可以向其中添加记录。添加完毕后，为了节省系统资源，要及时关闭暂时不使用的记录存储器，删除永久不再使用的记录存储器。

2. 关闭记录存储器

方法：

```
public void closeRecordStore()
            throws RecordStoreException,RecordStoreNotOpenException
```

功能：关闭记录存储器。该方法不需要任何参数。一般来说，在进行关闭记录存储器操作前，要确认该记录存储器确实存在。

例如，对于记录存储器对象名为 phone 的记录存储器，可使用如下语句关闭记录存储器：

```
if(phone!=null){
    try{ phone.closeRecordStore();
```

```
                    phone=null;}
        catch(RecordStoreException ex){}
    }
```

3. 删除记录存储器

方法：

```
public static void deleteRecordStore(recordStoreName)
                throws RecordStoreException,RecordStoreNotFoundException
```

其中，参数 recordStoreName 用于指定需要删除的记录存储器的名字，同样，在删除之前也要确认将要删除的记录存储器确实存在。

8.2.2 RecordStore 类中存取记录存储器信息的常用方法

RecordStore 类中存取记录存储器信息的常用方法如下：

```
public static String[] listRecordStore()
```

功能：返回当前 MIDlet 套件中所有记录存储器的名字，当记录存储器不存在时返回 null。

```
public String getName()
```

功能：返回当前记录存储器的名字。

```
public int getSize()
```

功能：返回记录存储器所占空间的大小，单位为字节。其中包括任何与实现有关的数据，例如，记录存储用于保存状态的数据结构。

```
public long getLastModified()
```

功能：返回记录最后修改的时间。其时间格式与 System.currentTimeMillis( )相同。

例 8-1 一个记录存储器的实例 TestRS。本例实现创建记录存储器、关闭该记录存储器、删除记录存储器及获取记录存储器相关信息。

程序运行后，记录存储器主界面如图 8-1 所示，显示在套件中已有的记录存储器名字，可以进行创建、使用和删除记录存储器的操作。

显示记录存储器相关信息的界面如图 8-2 所示，包括最后修改时间、名字、版本号、大小等。

用户可以打开菜单（Menu），选择其中一个命令，自动调用 commandAction 方法。在该方法中，针对用户不同的命令，定义了不同的处理方法。

图 8-1 记录存储器主界面

图 8-2 显示相关信息的界面

程序名：TestRS.java

```java
import javax.microedition.rms.*;
import javax.microedition.midlet.*;
import javax.microedition.lcdui.*;
import java.util.*;
public class TestRS extends MIDlet implements CommandListener{
    //定义 TestRS 类，它继承自 MIDlet 类，实现了 CommandListener 接口
    //MIDlet 类是所有 J2ME 程序的初始基类
    //CommandListener 接口用于响应用户输入的命令
    private Display display;
    private TextBox showMsg;
    private String msg;
    private Command exitCommand,createCmd,delCmd,useCmd;
    private RecordStore rs;
    //构造函数用于初始化程序界面，将"启动"和"退出"命令添加到程序界面中
    //其中,"启动"命令用于创建记录存储器，"退出"命令用于退出程序
    public TestRS (){
        display=Display.getDisplay(this);
        showMsg=new TextBox("操作信息：",null,200,TextField.ANY);
        exitCommand=new Command("退出",Command.EXIT,1);
        createCmd=new Command("建立",Command.SCREEN,1);
        useCmd=new Command("使用",Command.SCREEN,1);
        delCmd=new Command("删除",Command.SCREEN,1);
        showMsg.addCommand(exitCommand);
        showMsg.addCommand(createCmd);
        showMsg.addCommand(useCmd);
        showMsg.addCommand(delCmd);
        showMsg.setCommandListener(this);
    }
    public void startApp(){
        //显示当前套件中记录存储器的名字
        msg="套件中已经有的记录存储器有：";
        String[] RSExist=RecordStore.listRecordStores();
        if (RSExist!=null){
            for (int i=0;i<RSExist.length;i++){
                msg+="\n"+RSExist[i];
            }
        }
        showMsg.setString(msg);//更新文本框内容
        display.setCurrent(showMsg);
    }
    public void pauseApp(){//暂停程序}
```

```java
    public void destroyApp(boolean unconditional){//退出程序}
    public void commandAction(Command c,Displayable d){
        //当用户选择了"启动"或"退出"命令中的一个后，系统自动激活此函数
        if(c==exitCommand){
            //如果选择"退出"命令，则释放程序
            destroyApp(false);
            notifyDestroyed();
        }else if(c==createCmd){
            if (ExistRS("myRS")) msg="记录存储器mySR 已经存在";
            else if(CreateRS("myRS")) msg="记录存储器myRS 创建成功";
            else msg="记录存储器myRS 创建失败";
        }else if (c==delCmd){
            if(!ExistRS("myRS")) msg="记录存储器myRS 不存在";
            else if (DeleteRS("myRS")) msg="记录存储器myRS 删除成功";
            else msg="记录存储器myRS 删除失败";
        }else if (c==useCmd){
            if(!ExistRS("myRS")) msg="记录存储器myRS 不存在";
            else{
                if (OpenRS("myRS")){
                    msg="记录存储器 myRS 打开成功";
                    //获取打开的记录存储器信息
                    try{
                        Date lmt=new Date(rs.getLastModified());
                        msg+="\n 最后修改时间为: "+lmt.toString();
                        msg+="\n 记录存储器名字为: "+rs.getName();
                        msg+="\n 版本为: "+rs.getVersion();
                        msg+="\n 大小为: "+rs.getSize();
                        msg+="\n 可用空间为: "+rs.getSizeAvailable();
                    }catch (RecordStoreException e){}
                }else msg="记录存储器myRS 打开失败";
                if (CloseRS()) msg+="\n 记录存储器myRS 关闭成功";
                else msg+="\n 记录存储器myRS 关闭失败";
            }
        }
        showMsg.setString(msg);
    }
    //检测当前套件中记录存储器是否存在
    public boolean ExistRS(String rsName){
        try{
            RecordStore r=RecordStore.openRecordStore(rsName,false);
            r.closeRecordStore();
            r=null;
        }catch(RecordStoreNotFoundException e1){
```

```
            return false;
        }
    catch(RecordStoreException e2){}
    return true;
}
//创建记录存储器之前，先检查该记录存储器是否存在
public boolean CreateRS(String rsName){
    try{
        RecordStore r=RecordStore.openRecordStore(rsName,true);
        r.closeRecordStore();
        r=null;
        return true;
    }catch(RecordStoreException e){}
        return false;
}
//删除记录存储器，之前检查该记录存储器是否存在
public boolean DeleteRS(String rsName){
    try{
        RecordStore.deleteRecordStore(rsName);
        return true;
    }catch(RecordStoreException e){}
        return false;
    }
    //打开记录存储器
    public boolean OpenRS(String rsName){
    try{
        rs=RecordStore.openRecordStore(rsName,false);
        return true;
    }catch(RecordStoreException e){}
        return false;
    }
    //关闭记录存储器
    public boolean CloseRS(){
        if (rs != null){
            try{
                rs.closeRecordStore();
                rs=null;
                return true;
            }catch(RecordStoreException e){}
        }
        return false;
    }
}
```

8.3 记录的基本操作

MIDP 中的 RecordStore 类除了定义与管理记录存储器有关的操作外，还定义了操作记录的基本方法。本节将介绍简单记录和复杂记录在记录存储器中的读/写方法。

8.3.1 简单记录的读/写

建立并打开记录存储器后，可以向记录存储器中写入记录，或者从记录存储器中获取记录。

向记录存储器中写入记录，方法如下：

```
public int addRecord(byteArrayName[],startPosition,length)
```

功能：将字节数组 byteArrayName[]作为一个记录写入，从字节数组偏移量 startPosition 处开始写入，共 length 字节，并返回该记录的记录号。

例如，recordstore.addRecord(byteArray,2,30)表示将字节数组 byteArray 中从第 3 字节开始的 30 字节，作为简单记录存放在名字为 recordstore 的记录存储器中，并返回存储的记录号。

从记录存储器中获取记录，方法如下：

```
public byte[] getRecord(recIndex)
```

或

```
public int getRecord(recIndex,byteArrayName[],startPosition)
```

功能：获取一个记录。参数 recIndex 指定获取的记录号；参数 byteArrayName[]为字节数组，将记录读入该数组中；参数 startPosition 指定复制时字节数组的起始位置。返回值：前者返回字节数组，后者返回读取的字节数。

例如，recordstore.getRecord(5,byteArray,2)表示将名字为 recordstore 的记录存储器中的第 5 个简单记录，放入名字为 byteArray 的字节数组中，并且从字节数组的第 3 字节开始到最后。

其他方法如下：

```
public void setRecord(int recordID,byte[] newData,int offset,int numBytes)
```

功能：修改由记录号 recordID 指定的记录，该记录更新为字节数组 newData，从偏移量 offset 开始，共修改 numBytes 字节的数据。

```
public void deleteRecord(int recordID)
```

功能：删除记录号为 recordID 的记录。以后该记录号不会被重用。

图 8-3 打开记录存储器 myRS

```
public int getNextRecordID()
```

功能：返回将添加到记录存储器中的下一个记录号。

```
public int getNumRecords()
```

功能：返回记录存储器中记录的数量。

```
public int getRecordSize(int recordID)
```

功能：返回记录号为 recordID 的记录中数据的大小，单位为字节。

例 8-2　演示在记录存储器中添加、删除、修改和读取简单记录。

当程序启动时，打开并创建名为 myRS 的记录存储器，如果成功打开记录存储器 myRS，则屏幕显示如图 8-3 所示。

为了演示写入简单记录的结果，本例创建了名字为 msg 的字符串，它的内容是操作简单记录的结果。因为 addRecord 方法只支持将字节数组类型数据写入记录存储器，所以要将字符串转化成字节数组。转化方法是，调用字符串的 getBytes( )方法，该方法返回一个拥有该字符串内容的字节数组。转化后，调用 addRecord( )方法存入简单记录。成功添加若干简单记录后，显示如图 8-4 所示。

例 8-2 还演示了读出简单记录的方法。先创建了一个名为 data 的初值为 null 的字节数组，该数组用于存放读出的记录内容。从记录存储器中读出记录，一种常见的处理方法是使用 for 循环语句，依次取出记录存储器中的每一个记录，例如：

```
for(int i=1;i<rs.getNextRecordID();i++)
```

其中，getNextRecordID 方法用来获得下一个将要存储的记录存储器中记录的 ID 值，本例是获得记录存储器的下一个将要读取的记录号，用 for 循环取出每一个记录。记录存储器中记录的序号是从 1 开始的，为此使用 for 循环时的循环变量 i 也从 1 开始。

在循环体中，调用 getRecord(i)方法将第 i 个记录读取到 data 字节数组中。随后，将读取的记录转换成字符串显示到屏幕上，还可以使用 rs.setRecord(i,data,0,data.length）指令修改最后一个记录为：

```
"Modified Data of Record"+i
```

成功修改简单记录后，显示如图 8-5 所示。

图 8-4　添加记录

图 8-5　修改记录

程序名：SimpleRS.java

```
import javax.microedition.rms.*;
import javax.microedition.midlet.*;
import javax.microedition.lcdui.*;
public class SimpleRS extends MIDlet implements CommandListener{
    //定义 SimpleRS 类，它继承自 MIDlet 类，实现了 CommandListener 接口
    //MIDlet 类是所有 J2ME 程序的初始基类
    //CommandListener 接口用于响应用户输入的命令
    private Display display;
    private RecordStore rs;
    private TextBox showMsg;
    private String msg="";
    private Command exitCommand,addCmd,delCmd,getCmd,setCmd;
```

```
//构造函数用于初始化程序界面，将"启动"和"退出"命令添加到程序界面中
//"启动"命令用于创建记录存储器，"退出"命令用于退出程序
    public SimpleRS (){
    display=Display.getDisplay(this);
    showMsg=new TextBox("操作信息：",null,200,TextField.ANY);
    exitCommand=new Command("退出",Command.EXIT,1);
    addCmd=new Command("添加记录",Command.SCREEN,1);
    setCmd=new Command("修改记录",Command.SCREEN,1);
    delCmd=new Command("删除记录",Command.SCREEN,1);
    getCmd=new Command("读取记录",Command.SCREEN,1);
    showMsg.addCommand(exitCommand);
    showMsg.addCommand(addCmd);
    showMsg.addCommand(setCmd);
    showMsg.addCommand(delCmd);
    showMsg.addCommand(getCmd);
    showMsg.setCommandListener(this);
    if(OpenRS("myRS"))  msg+="记录存储器 myRS 打开成功";
    else msg+="记录存储器 myRS 打开失败";
}
public void startApp(){
    //显示当前套件中记录存储器打开情况
    showMsg.setString(msg);//更新文本框内容
    display.setCurrent(showMsg);
}
public void pauseApp(){//暂停程序}
public void destroyApp(boolean unconditional)
{//退出程序}
public void commandAction(Command c,Displayable d){
    int recId;
    if(c==exitCommand){
        //如果选择"退出"命令，则释放程序
        destroyApp(false);
        notifyDestroyed();
    }else if(c==addCmd){
        if ((recId=AddRec())!=-1) msg="记录添加成功，记录号为："+recId;
        else msg="记录添加失败";
        showMsg.setString(msg);
    }else if (c==delCmd){
        if((recId=DelRec())!=-1)
            msg="记录删除成功，删除记录号为："+recId;
        else
            msg="记录删除失败";
```

```
            showMsg.setString(msg);
        }else if (c==setCmd){
            if((recId=SetRec())!=-1) msg="记录修改成功，记录号为："+recId;
            else msg="记录修改失败";
            showMsg.setString(msg);
            }else if (c==getCmd){
                msg=GetRec();
                showMsg.setString(msg);
            }
        }
//增加记录，返回新增记录的记录号，如果为-1则表示出错
public int AddRec(){
    int id;
    int recId=-1;
    try{
        id=rs.getNextRecordID();
    }catch(RecordStoreException e){
        return recId;
    }
    String rec="Data of Record"+id;
    byte[] data=rec.getBytes();
    try{
        recId=rs.addRecord(data,0,data.length);
    }catch(RecordStoreException e){}
    return recId;
}
//删除最后一个记录，返回所删除的记录号，返回-1表示出错
public int DelRec(){
    int id,num;
    try{
        id=rs.getNextRecordID();
        num=rs.getNumRecords();
    }catch(RecordStoreException e){
        return -1;
    }
    if (num>0){
        for (int i=id-1;i>0;i--) {
            try{
                rs.deleteRecord(i);
                return i;
            }catch (RecordStoreException e){}
        }
```

```java
        }
        return -1;
    }
    //修改记录，返回记录号
    public int SetRec(){
        int id,num;
        try{
            id=rs.getNextRecordID();
            num=rs.getNumRecords();
        }catch(Exception e){return -1;}
        String rec;
        byte[] data;
        if (num>0){
            for(int i=id-1;i>0;i--){
                rec="Modified Data of Record "+i;
                data=rec.getBytes();
                try{
                    rs.setRecord(i,data,0,data.length);
                    return i;
                }catch(RecordStoreException e){}
            }
        }
        return -1;
    }

    //显示所有记录
    public String GetRec(){
        int id,num;
        try{
            id=rs.getNextRecordID();
            num=rs.getNumRecords();
        }catch(RecordStoreException e){
            return null;
        }
        String rec="记录存储器中共有"+num+"个记录：";
        byte[] data=null;
        if (num>0){
            for(int i=1;i<id;i++){
                try{
                    int size=rs.getRecordSize(i);
                    if(data==null || data.length<size){
```

```
                    data=new byte[size];
                    rs.getRecord(i,data,0);
                    rec+="\n "+new String(data,0,size);
                }
            }
            catch(RecordStoreException e){}
        }
    }
    return rec;
}
//打开（创建）记录存储器
public boolean OpenRS(String rsName){
    try{
        rs=RecordStore.openRecordStore(rsName,true);
        return true;
    }
    catch(RecordStoreException e){}
    return false;
}


//关闭记录存储器
public boolean CloseRS(){
    if (rs != null){
        try{
            rs.closeRecordStore();
            rs=null;
            return true;
        }catch(RecordStoreException e){}
    }
    return false;
}
```

8.3.2 复杂记录的处理

    从记录存储器的处理过程看，简单记录和复杂记录的读/写没有很大的差别，都是调用 addRecord 方法写入记录存储器，调用 getRecord 方法从记录存储器中读取记录。它们的不同之处：简单记录是单一类型的字符串，可以利用字符串的 getBytes( )方法获得字节数组；而复杂记录可能包含多种类型，需要将这些类型的值存放在统一的字节数组中，从而满足记录存储器调用 addRecord 或 getRecord 方法的读/写条件。例如，将表 8-1 存储到移动通信设备中。

表 8-1 含有多种数据类型的表

姓名	性别	电话	年龄
周建国	男	12345678	34
丁绍忠	男	88265479	29
李宇春	女	66578194	28
赫胥黎	男	68467723	26

将多种类型的数据统一存储到一个字节数组中的方法是，将表格中的数据均作为字符型来处理，这样，只要将它们全部转化为一个字符串，再使用字符串的 getBytes( )转化为字节数组，就可以存储到记录存储器中了。为了在读取数据后能还原出原始数据，需要用特殊字符将各数据段分开，对于表 8-1，可以使用"#"将各数据段隔开，使用代码：

```
String rec=name+"#"+sex+"#"+phone+"#"+age;
Byte[] data=rec.getBytes();
```

要从记录存储器中读出字节数组 data，还原数据，可使用如下方法：

```
String rec=new String(data);
Int post1 =rec.indexOf('#');
Name=rec.substring(0,post1);
Int post2 =rec.indexOf('#',post1+1);
Sex=rec.substring(post1+1,post2);
Int post3 =rec.indexOf('#',post2+1);
phone=rec.substring(post2+1,post3);
Age=rec.substring(post3+1,rec.length());
```

在教学资源包中给出用这种方法处理多字段的完整程序，程序名：StringRS.java，读者可以参考。

下面重点介绍，如果记录中的数组各字段的数据类型不同，则需要利用 Java ME 的输入/输出流来完成任务。建立字节数组输出流类 ByteArrayOutputStream 的对象，使用输出流将数据写入到内存缓冲区中。建立数据输出流类 DataOutputStream 的对象，初始化为上面的字节数组输出流对象。

调用数据输出流对象的各种 write 方法将 Java 的各种基本数据类型写入输出流，例如，writeUTP 方法可以将作为参数的字符串写入输出流，writeInt 方法可以将作为参数的整型数值写入输出流，writeBoolean 方法可以将作为参数的布尔类型数值写入输出流。然后，调用数据输出流对象的 flush 方法清空缓冲区。最后，调用字节数组输出流对象的 toByteArray 方法将写到内存缓冲区中的数据全部取出，得到字节数组。

将多种类型的数据转换为字节数组后，就可以直接调用 addRecord 完成写入的操作。注意：在写入操作完毕后，应及时关闭字节输出流对象和数据输出流对象。

在读取复杂记录时，首先建立字节数组变量，将记录读取到字节数组中，再通过数据输入流读出每种类型的数据。建立字节数组输入流类 ByteArrayInputStream 的对象，并指向上述字节数组，它包含了一个内部缓冲区，其中容纳从流中读取的字节数组数据。建立数据输入流类 DataInputStream 的对象，并初始化为上面的字节数组输入流对象。调用数据输入流类的 read( )方法可以读出各种类型的数据，例如，readUTF( )方法将读出字符串并以返回值的形式返回，readInt( )

方法将读出整型数值并以返回值的形式返回，readBoolean( )方法
将读出布尔类型的数值，并以返回值的形式返回。

注意：在每次读取新的数据输入流前，应该调用 reset 方法清
除先前的内容；在读出多种类型数据时，要与先前写入的多种类
型数据在类型和顺序上匹配。

例 8-3 在记录存储器中实现复杂记录的写入和读取，如图
8-6 所示。

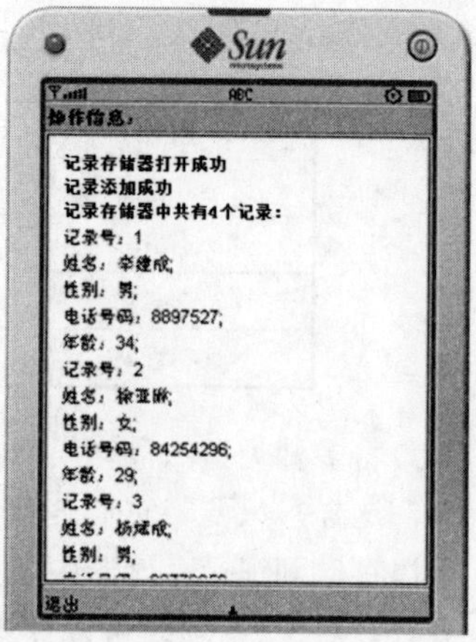

各种类型数据转化为字节数组加入记录存储的方法为：

图 8-6 例 8-3 图

```
byte[] data=null;
try{
    ByteArrayOutputStream bout=new
            ByteArrayOutputStream();
    //指向内存的输出流
    DataOutputStream dout=new DataOutputStream(bout);
    dout.writeUTF(name);
    dout.writeBoolean(sex);
    dout.writeUTF(phone);
    dout.writeInt(age);
    data=bout.toByteArray();//将写入内存的各种数据类型转化为字节数组
    bout.close();
    dout.close();
}
```

从记录存储器中读取字节数组 data 转化为原始数据的方法为：

```
public void decode(byte[] data){
    try{
        ByteArrayInputStream bin=new ByteArrayInputStream(data);
        DataInputStream din=new DataInputStream(bin);
        name=din.readUTF();
        sex=din.readBoolean();
        phone=din.readUTF();
        age=din.readInt();
        bin.close();
        din.close();
    }
}
```

最后，关闭和删除记录存储器。

程序名：**DataRS.java**

```
import javax.microedition.rms.*;
import javax.microedition.midlet.*;
import javax.microedition.lcdui.*;
import java.io.*;
```

```java
public class DataRS extends MIDlet implements CommandListener{
    //定义 Data RS 类，它继承自 MIDlet 类，实现了 CommandListener 接口
    //MIDlet 类是所有 J2ME 程序的初始基类
    //CommandListener 接口用于响应用户输入的命令
    private Display display;
    private RecordStore rs;
    private TextBox showMsg;
    private String msg=null;
    private Command exitCommand;
    //构造函数用于初始化程序界面，将"启动"和"退出"命令添加到程序界面中
    //"启动"命令用于创建记录存储器，"退出"命令用于退出程序
    public DataRS(){
        display=Display.getDisplay(this);
        showMsg=new TextBox("操作信息：",null,512,TextField.ANY);
        exitCommand=new Command("退出",Command.EXIT,1);
        showMsg.addCommand(exitCommand);
        showMsg.setCommandListener(this);
    }
    public void startApp(){
        if(!OpenRS("tempRS")) msg="记录存储器 tempRS 打开失败";
        else{
            msg="记录存储器 tempRS 打开成功";
            if (AddRec()){
                msg+="\n 记录添加成功";
                msg+=GetRec();
            }else{
                msg+="\n 记录添加失败";
            }
        }
        showMsg.setString(msg);//更新文本框内容
        display.setCurrent(showMsg);
    }
    public void pauseApp(){} //暂停程序
    public void destroyApp(boolean unconditional){
        if (CloseRS())
            System.out.println("记录存储器 tempRS 关闭成功");
        else
            System.out.println("记录存储器 tempRS 关闭失败");
        if (DeleteRS("tempRS"))
            System.out.println("记录存储器 tempRS 删除成功");
        else
            System.out.println("记录存储器 tempRS 删除失败");
```

```
    }
    public void commandAction(Command c,Displayable d){
        if(c==exitCommand){
            destroyApp(false);
            notifyDestroyed();
        }
    }
    //添加记录
    public boolean AddRec(){
        String[] name ={"周建国","丁绍忠","李宇春","赫胥黎"};
        boolean[] sex ={true,true,false,true};
        String[] phone ={"8897527","84254296","66778852","48325679"};
        int[] age={34,29,30,26};
        Friend fnd=new Friend();
        for(int i=0;i<4;i++){
            fnd.name=name[i];
            fnd.sex=sex[i];
            fnd.phone=phone[i];
            fnd.age=age[i];
            byte[] data=fnd.encode();
            try{
                rs.addRecord(data,0,data.length);
            }catch(RecordStoreException e){
                return false;
            }
        }
        return true;
    }
    //读取所有的记录
    public String GetRec(){
        int id,num;
        String message=null;
        try{
            id=rs.getNextRecordID();
            num=rs.getNumRecords();
            message="\n 记录存储器中共有"+num+"个记录：";
        }catch(RecordStoreException e){
            message="\n 记录读取失败！";
            return message;
        }
        Friend fnd=new Friend();
        byte[] data=null;
```

```
            if (num>0){
                for (int i=1;i<=num;i++){
                    try {
                        data=rs.getRecord(i);
                        fnd.decode(data);
                        message+="\n 记录号: " +i;
                        message+="\n 姓名: "+fnd.name+";";
                        if(fnd.sex) message+="\n 性别: "+"男";
                        else  message+="\n 性别: "+"女";
                        message+="\n 电话号码: "+fnd.phone+";";
                    }catch(InvalidRecordIDException e){}
                    catch (RecordStoreException e){
                        message+="\n 记录读取失败";
                    }
                }
            }
        return message;
    }
//打开（创建）记录存储器
public boolean OpenRS(String rsName){
    try{
        rs=RecordStore.openRecordStore(rsName,true);
        return true;
    }catch(RecordStoreException e){}
        return false;
    }
    //关闭记录存储器
    public boolean CloseRS(){
        if (rs != null){
        try{
            rs.closeRecordStore();
            rs=null;
            return true;
        }catch(RecordStoreException e){}
    }
    return false;
}
//删除记录存储器
public boolean DeleteRS(String rsName){
    try{
        RecordStore.deleteRecordStore(rsName);
        return true;
```

```java
    }catch(RecordStoreException e){}
        return false;
}
//定义一个类实现联系人数据的转换
class Friend{
    public String name, phone;
    public boolean sex;
    public int age;
    public Friend(){
        name=phone="";
        sex=false;
        age=0;
    }
    //数据格式转化为字节数组
    public byte[] encode(){
        byte[] data=null;
        try{
            ByteArrayOutputStream bout=
                new ByteArrayOutputStream();
            DataOutputStream dout=new DataOutputStream(bout);
            dout.writeUTF(name);
            dout.writeBoolean(sex);
            dout.writeUTF(phone);
            dout.writeInt(age);
            data=bout.toByteArray();
            dout.close();
            bout.close();
        }catch(Exception e){}
        return data;
    }
    //将字节数组还原为原始数据
    public void decode(byte[] data){
        try{
            ByteArrayInputStream bin=
                new ByteArrayInputStream(data);
            DataInputStream din=new DataInputStream(bin);
            name=din.readUTF();
            sex=din.readBoolean();
            phone=din.readUTF();
            age=din.readInt();
            din.close();
            bin.close();
```

```
            }catch(Exception e){}
        }
    }
}
```

8.4　记录的遍历、查询和排序

很多 RMS 应用都需要遍历记录存储器。MIDP 规范提供了一种安全可靠的遍历方式。首先利用 enumerateRecords( )方法创建记录枚举器 RecordEnumeration 对象，定义如下：

```
public RecordEnumeration enumerateRecords(RecordFilter filter,
        RecordComparator comparator,boolean keepUpdated)
        throws RecordStoreNotOpenException
```

功能：返回一个枚举器，用于按指定的顺序遍历记录存储器中指定的记录子集。参数 filter 是一个过滤器，用于决定记录存储器中哪一个记录子集将被返回；参数 comparator 是一个比较器，用于决定返回的记录子集的排列顺序；当参数 keepUpdated 为 true 时，枚举器可以随着记录存储器的改变而自动更新，为 false 时，枚举器不会自动更新。

8.4.1　记录的遍历

有了枚举类型对象，就可以使用 RecordEnumeration 接口中的方法，实现记录存储器的遍历，包括以下方法：

```
public int numRecords()
```
功能：返回枚举器中记录的数量。

```
public boolean hasNextElement()
```
功能：判断枚举器中是否有下一个记录。

```
public boolean hasPreviousElement()
```
功能：判断枚举器中是否有上一个记录。

```
public byte[] nextRecord()
```
功能：返回枚举器中的下一个记录。

```
public int nextRecordId()
```
功能：返回枚举器中下一个记录的记录号。

```
public byte[] previousRecord()
```
功能：返回枚举器中的上一个记录。

```
public int previousRecordId()
```
功能：返回枚举器中上一个记录的记录号。

有了这些方法就可以安全可靠地遍历 RMS 的每一个记录。

对于枚举器，还应注意当前记录的概念，在一个记录存储器中创建了枚举器后，当前记录就是记录存储器第一个记录的上一个记录。准确地说，这个"上一个记录"并不存在，只不过是一个位置的含义。当使用 nextRecord 函数时，恰好可以访问到记录存储器中的第一个记录，也为下一次调用 nextRecord 或 previousRecord 做准备。

除了可以使用 nextRecord 方法和 previousRecord 方法得到记录本身外，还可以使用

nextRecordId 方法和 previousRecordId 方法得到记录在记录存储器中的序号。

最后讨论枚举器的更新问题。除了设置第三个参数是否动态更新外，也可以调用 keepUpdated 方法设置是否动态更新，定义如下：

```
public void keepUpdated(boolean keepUpdated)
```

其中，参数为 true 时自动更新，为 false 则不会。

还可以调用 isKeptUpdated 函数来检查当前所处的动态更新状态，定义如下：

```
public boolean isKeptUpdated()
```

功能：检测枚举器是否自动更新。若返回 true 则自动更新，返回 false 则不是。在枚举器没有设置为自动更新的情况下，可以使用 rebuild( )方法强制枚举器更新，使之与记录存储保持一致。枚举器用完后，必须使用 destroy( )方法释放其所占用的内存资源。

8.4.2　建立和使用过滤器

枚举器更重要的应用就是作为过滤器和排序器的载体，实现对枚举器中记录的查询和排序功能，本节讲述过滤器的建立和使用。

在记录管理系统中定义 RecordFilter 接口来完成过滤的任务，该接口定义了唯一必须实现的方法：

```
public Boolean matches(byte[] candidate)
```

其中，参数 candidate 为记录存储中的记录，当满足匹配规则时返回 true，不满足时返回 false。为此，需要定义一个新的实现接口类，该类实现了 RecordFilter 接口。该类一般需要实现三个方法：

- 构造函数，用于接收指定的条件；
- 匹配函数，用于完成匹配的过程；
- 关闭函数，用于关闭本过滤器，并释放使用的内存。

在定义过滤器类后，建立过滤器的实例，然后将该实例作为创建枚举器函数 enumerateRecord 的第一个参数，从而实现枚举器的过滤功能。

8.4.3　建立和使用排序器

所谓排序器，实际上就是根据比较条件将枚举器中的所有记录或者过滤后的记录进行排序。记录管理系统定义的比较器接口 RecordComparator 实现排序任务，还需要定义一个新的实现接口类，主要有两个方法：

- 比较方法，用于完成比较的过程；
- 关闭方法，用于关闭本排序器，并释放使用的内存空间。

比较方法定义如下：

```
public int compare(byte[] rec1,byte[] rec2)
```

其中，参数 rec1 和 rec2 是参加比较的记录。

作为返回值 RecordComparator，定义了三个常量：

- PRECEDES　表示 rec1 在 rec2 之前；
- FOLLOWS　表示 rec1 在 rec2 之后；
- EQUIVALENT　表示 rec1 和 rec2 相等。

这三个静态常量的值分别为-1，1和0。

有关定义排序器类的方法请参考实例代码分析。

例 8-4　枚举器、排序和过滤综合例。

本实例演示如何在 MIDlet 程序框架中创建枚举器 re，并将过滤器 rf 和排序器 rc 嵌入枚举器中。为了演示过滤和排序的功能，需要向记录存储器中添加多个记录。本例添加了 4 个具有字符串型、布尔类型和整型数值的复杂记录，它们和 8.4.2 节的数据类似。然后使用字节数组输出流和数据输出流得到上述记录的字节数组，调用 addRecord 方法将记录添加到记录存储器中。实际上，通过字节数组输出流和数据输出流可以将任意复杂的记录添加到记录存储器中。

在定义过滤器 rf 时，本例将 30 作为参数，完成查询年龄大于 30 岁的记录的功能。随后，定义了一个排序器 rc，对记录根据年龄排序。最后，调用记录存储器的 enumerateRecord 方法在创建枚举器的同时嵌入过滤器和排序器。

程序名：TestEnumeratorRS.java

```java
import javax.microedition.rms.*;
import javax.microedition.midlet.*;
import javax.microedition.lcdui.*;
import java.io.*;
public class TestEnumeratorRS extends MIDlet implements CommandListener{
    //定义 StoreExample 类，它继承自 MIDlet 类，实现了 CommandListener 接口
    private Display display;
    private TextBox showMsg;
    private String msg=null;
    private RecordStore rs;
    private Command exitCmd,enumCmd,filtCmd,compCmd;
    //构造函数用于初始化程序界面
    public TestEnumeratorRS (){
        display=Display.getDisplay(this);
        showMsg=new TextBox("操作信息：",null,512,TextField.ANY);
        exitCmd=new Command("退出",Command.EXIT,1);
        enumCmd=new Command("遍历",Command.EXIT,1);
        filtCmd=new Command("查询",Command.EXIT,1);
        compCmd=new Command("排序",Command.EXIT,1);
        showMsg.addCommand(exitCmd);
        showMsg.addCommand(enumCmd);
        showMsg.addCommand(filtCmd);
        showMsg.addCommand(compCmd);
        showMsg.setCommandListener(this);
    }
    public void startApp(){
        //显示当前套件中记录存储器的名字
        if(!OpenRS("tempRS")) msg="记录存储器 tempRS 打开失败";
        else{
```

```java
        msg="记录存储器 tempRS 打开成功";
        if (AddRec()){
            msg+="\n 记录添加成功";
        }else{
            msg+="\n 记录添加失败";
        }
    }
    showMsg.setString(msg);//更新文本框内容
    display.setCurrent(showMsg);
}
public void pauseApp(){}//暂停程序
public void destroyApp(boolean unconditional){
    //退出程序
    if (CloseRS())
        System.out.println("记录存储器 tempRS 关闭成功");
    else
        System.out.println("记录存储器 tempRS 关闭失败");
    if (DeleteRS("tempRS"))
        System.out.println("记录存储器 tempRS 删除成功");
    else
        System.out.println("记录存储器 tempRS 删除失败");
}
public void commandAction(Command c,Displayable d){
    //当用户选择"启动"或"退出"命令中的一个后，系统自动激活此函数
    if(c==exitCmd){
        //如果选择"退出"命令，则释放程序
        destroyApp(false);
        notifyDestroyed();
    }else if(c==enumCmd){
        try{
        //定义枚举器，其中包含记录存储中全部记录，排序未定
            RecordEnumeration re=rs.enumerateRecords(null,null,false);
            msg=GetRec(re);//得到枚举器中全部记录
        }catch (RecordStoreException e){}
        showMsg.setString(msg);
    }else if (c==filtCmd){
        try{
            RecordFilter rf=new MyFilter();
            //定义枚举器，其中包含年龄在 30 岁的记录
            RecordEnumeration re=rs.enumerateRecords(rf,null,false);
            msg=GetRec(re);
        }catch (RecordStoreException e){}
```

```
            showMsg.setString(msg);
        }else if (c==compCmd){
            try{
                RecordComparator rc=new MyComparator();
                //定义枚举器，其中记录按年龄降序排列
                RecordEnumeration re=rs.enumerateRecords(null,rc,false);
                msg=GetRec(re);
            }catch (RecordStoreException e){}
            showMsg.setString(msg);
        }
    }
public boolean AddRec(){
    String[] name ={"周建国","丁绍忠","李宇春","赫胥黎"};
    boolean[] sex ={true,false,true,false};
    String[] phone ={"8897527","84254296","66778852","48325679"};
    int[] age={34,29,30,26};
    Friend fnd=new Friend();
    for(int i=0;i<4;i++){
        fnd.name=name[i];
        fnd.sex=sex[i];
        fnd.phone=phone[i];
        fnd.age=age[i];
        byte[] data=fnd.encode();
        try{
            rs.addRecord(data,0,data.length);
        }catch(RecordStoreException e){
            return false;
        }
    }
    return true;
}
//读取枚举器中所有的记录
public String GetRec(RecordEnumeration re){
    String message=null;
    try{
        int num=re.numRecords();
        message="枚举器中共有"+num+"个记录：";
        Friend fnd=new Friend();
        byte[] data=null;
        int count=0;
        while(re.hasNextElement()){
            count++;
```

```
            data=re.nextRecord();
            fnd.decode(data);
            message+="\n 第"+count+ "个记录：";
            message+="\n 姓名："+fnd.name+";";
            if(fnd.sex) message+="\n 性别："+"男";
            else message+="\n 性别："+"女";
            message+="\n 电话号码："+fnd.phone+";";
            message+="\n 年龄："+fnd.age+";";
        }
    }catch (RecordStoreException e){
        message+="\n 记录读取失败";
    }
    return message;
}
//打开(创建)记录存储器
public boolean OpenRS(String rsName){
    try{
        rs=RecordStore.openRecordStore(rsName,true);
        return true;
    }catch(RecordStoreException e){}
    return false;
}
//关闭记录存储器
public boolean CloseRS(){
    if (rs != null){
        try{
            rs.closeRecordStore();
            rs=null;
            return true;
        }catch(RecordStoreException e){}
    }
    return false;
}
//删除记录存储器，之前检查该记录存储器是否存在
public boolean DeleteRS(String rsName){
    try{
        RecordStore.deleteRecordStore(rsName);
        return true;
    }
    catch(RecordStoreException e){}
    return false;
}
```

```
}
//定义过滤器实现记录的查询
class MyFilter implements RecordFilter{
    public boolean matches(byte[] candidate){
        Friend fnd=new Friend();
        fnd.decode(candidate);
        //匹配原则为年龄30岁以上
        if (fnd.age>=30) return true;
        else return false;
    }
}
//定义比较器，实现排序
class MyComparator implements RecordComparator{
    public int compare (byte[] rec1,byte[] rec2){
        Friend fnd=new Friend();
        fnd.decode(rec1);
        int age1=fnd.age;
        fnd.decode(rec2);
        int age2=fnd.age;
        //按年龄大小排序
        if (age1> age2)
            return RecordComparator.PRECEDES;
        else if (age1<age2)
            return RecordComparator.FOLLOWS;
        else
            return RecordComparator.EQUIVALENT;
    }
}
    //定义一个类实现联系人数据的转换
    class Friend{
        public String name, phone;
        public boolean sex;
        public int age;
        public Friend(){
            name=phone="";
            sex=false;
            age=0;
        }
        //数据格式转化为字节数组
        public byte[] encode(){
            byte[] data=null;
```

```
        try{
            ByteArrayOutputStream bout=new ByteArrayOutputStream();
            DataOutputStream dout=new DataOutputStream(bout);
            dout.writeUTF(name);
            dout.writeBoolean(sex);
            dout.writeUTF(phone);
            dout.writeInt(age);
            data=bout.toByteArray();
            dout.close();
            bout.close();
        }catch(Exception e){}
        return data;
    }
    //将字节数组还原为原始数据
    public void decode(byte[] data){
        try{
            ByteArrayInputStream bin=new ByteArrayInputStream(data);
            DataInputStream din=new DataInputStream(bin);
            name=din.readUTF();
            sex=din.readBoolean();
            phone=din.readUTF();
            age=din.readInt();
            din.close();
            bin.close();
        }catch(Exception e){}
    }
  }
}
```

记录排序的结果如图 8-7 所示，查找年龄 30 岁以上记录的结果如图 8-8 所示。

图 8-7　对记录排序运行结果

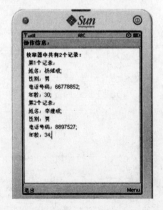

图 8-8　查找年龄 30 岁以上记录结果

8.5 记录存储器的事件处理

记录存储器的事件处理是指，在记录存储器中进行添加、修改和删除操作时，对产生的相应事件进行处理。可以用 rms 包中的 RecordListener 接口来实现监听器，在这个接口中定义了以下三个方法：

```
public void recordAdded(RecordStore recordStore,int recordId)
```
功能：将记录添加到记录存储器中。其中，参数 recordStore 为所使用的记录存储器，参数 recordId 为要添加记录的记录号。

```
public void recordChanged(RecordStore recordStore,int recordId)
```
功能：修改记录存储器中的记录。参数 recordId 为修改后的记录号。

```
public void recordDeleted(RecordStore recordStore,int recordId)
```
功能：从记录存储器中删除记录。

RecordStore 类还提供了以下两个方法：

```
public void addRecordListener(RecordListener listener)
```
功能：在记录存储器中添加指定的 RecordListener 监听器。

```
public void removeRecordListener(RecordListener listener)
```
功能：在记录存储器中注销指定的 RecordListener 监听器。

注意：RecordListener 类的所有方法都是在对记录存储器的操作完成后被调用的！特别是 recordDeleted( )方法，由于传入的记录已经删除，因此，如果再使用 getRecord( )试图获取刚被删除的记录，将会抛出 InvalidRecordIDException 异常。

在教学资源包中提供了使用监听器的实例，程序名为 TestListenRS.java，读者可以参考。

8.6 综合实例

为了全面复习本章所学到的知识，本节给出一个综合实例手机电话号码簿系统。在本例中，建立一个 frame 类型的实例，使用文本域添加电话号码本的各种信息。整个系统采用 MVC 结构。在系统中有一个 MIDlet 类，分为模型、表示层和控制层三部分。将要存储的信息组织成记录，存放在一个记录存储器中。相关代码参见教学资源包。

习题 8

1. 在 MIDP 中提供了一种面向_____的简单数据管理系统。
2. 记录是存储数据的_____。
3. 创建记录存储器是通过_____方法 OpenRecordStore( )实现的。
4. 过滤器的用途是_____记录存储器中的记录。
5. 比较器的用途是对记录存储器中的记录_____。
6. 编写一个 MIDlet 程序，将下列数据存储到记录存储器中，并根据数学成绩排序。

学号	姓名	数学成绩	C 语言成绩	Java 语言成绩
2010001	周晓宇	90	87	89
2010002	秦学成	80	77	75
2010003	李晓辉	87	96	96
2010004	王冠序	95	80	83

第9章 MMAPI多媒体程序设计

本章简介：本章讨论 J2ME 中有关多媒体程序设计的内容。J2ME 提供了移动媒体 MMAPI，它可以完成大部分的多媒体处理任务，包括播放、控制、存储、管理等，具有高度的灵活性，支持多种协议和媒体格式，并将多媒体处理过程抽象成协议处理和内容处理两部分。

Java ME 中对多媒体的开发提供了两个标准——MIDP 2.0 中的 MIDP 媒体 API 和移动媒体 API（Multi Media API，MMAPI）。

MMAPI（JSR-135）是 J2ME 的可选包，是专门针对移动设备多媒体程序开发的 API。MMAPI 提供了强大的、可扩展性强的播放和录制音频、视频的程序接口。在早期 MIDP 规范中，MMAPI 整体作为一个可选包出现。在 MIDP 2.0 规范中，将其中的音频部分划为规范的一部分，这部分也称为媒体 API。简单地说，媒体 API 是 MMAPI 的一个子集。随着硬件能力的不断加强，目前大部分的智能手机达到了 MMAPI 的硬件要求，所以本章重点讲解 MMAPI 多媒体程序设计。

9.1 MMAPI 概述

MMAPI 的特性如下：
- 支持音频、视频的播放和记录，以及音调的生成；
- 较少的资源消耗；
- 支持 CLDC 平台；
- 不局限于某个特定的媒体协议；
- 可以随时对 API 进行裁剪和扩展。

对于不同格式的媒体数据和传输协议，媒体 API 提供了一套规范的、可扩展的、简单的程序接口。

9.1.1 MMAPI 的体系结构

MMAPI 主要涉及 4 个基本概念：管理器（Manager）、播放器（Player）、控制器（Controller）和数据源（DataSource）。MMAPI 的基本体系结构如图 9-1 所示。

管理器：是媒体处理的总控制者，它提供了静态方法创建播放器及测试手机所支持的媒体类型和协议。

播放器：专门实现媒体内容的播放，它提供了管理播放器生命周期及重放次数的方法。

控制器：实现播放器的各种控制功能的接口，如音量控制等。

数据源：是对媒体协议处理器的抽象，它负责为播放器提供相关的多媒体数据。

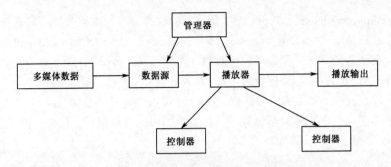

图 9-1　MMAPI 的基本体系结构

9.1.2　管理器 Manager 类

Manager 类主要提供静态方法创建播放器 Player 对象及测试硬件系统所支持的媒体类型和协议。

Manager 类提供了两个重载创建 Player 对象的静态方法。

方法 1:

```
public static Player createPlayer(String locator)
                throws java.io.IOException,MediaException
```

其中，参数 locator 是指向媒体数据的定位字符串，它有下列 3 种类型:

● 媒体文件的网络地址。可以指向远程 HTTP 服务器媒体文件的 URL，如 http://www.media.com/mid/gaoshanliushui.mid

● 媒体数据捕获模式。该类目前只有两个值:一个是 capture//audio，用于音频截取;另一个是 capture//video，用于在手机上截取静态图片。

● 内存中的空数据类型。用于实例化一个空播放器，之后可以用 MIDIControl（即 Musical Instrument Digital Interface Control）和 ToneControl 对象动态设置其内容。这种类型的参数也只有两个:一个是 device//midi 类型的 Manager.MIDI_DEVICE_LOCATOR，另一个是 device://tone 类型的 Manager.TONE_DEVICE_LOCATOR。

方法 2:

```
public static Player createPlayer(InputStream stream,String type)
                throws java.io.IOException,MediaException
```

功能:从输入流 stream 中读取数据来创建 Player 对象。其中，参数 type 指定为媒体的 MIME（即 Multipurpose Internet Mail Extensions，多功能 Internet 邮件扩充服务）类型。

常见的媒体类型如下。

● Audio/midi: MIDI 文件;

● audio/sp-midi: 可扩展多和弦 MIDI;

● audio/x-tone-seq: MIDP 2.0 规范定义的单音序列;

● audio/x-wav: WAV PCM 采样音频;

● image/gif: GIF 89a（GIF 动画）或 GIF 图片格式;

● video/mpeg: MPEG 视频;

● video/vnd.sun.rgb565: 视频记录格式。

Manager 类的另一个功能是提供两个方法，测试手机所支持的媒体类型和协议。

可以使用 getSupportedContentTypes 方法获得当前设备支持的媒体类型，定义如下：

```
public static String[] getSupportedContentTypes(String protocol)
```

其返回值是表示各种媒体类型的字符串数组，对于音频，WAV 音频为 audio/x-wav，MP3 音频为 audio/mpeg，MIDI 音频为 audio/midi 等。参数 protocol 是相关媒体的协议，对于音频，http 协议为超文本传输，device 协议为设备协议，capture 协议为媒体捕获协议等。

相反，管理类还可以由媒体类型得到设备所支持的协议，获取设备所支持的协议的方法，定义如下：

```
public static String[] getSupportedContentTypes(String content_type)
```

返回值为表示各种协议的字符串数组。

此外，Manager 还直接提供播放单音符的方法，定义如下：

```
public static void playTone(int note,int duration,int volume)
```

其中，参数 note 为单音符，取值范围为 0～127，按照高音到低音的顺序排列；参数 duration 为声音持续的时间，单位是毫秒；参数 volume 为音量，取值范围为 0～100，按照音量从低到高的顺序排列。例如，Manager.playTone(50,1000,80)表示播放音调为 50、音量为 80 的音符，持续 1 秒。

9.1.3　播放器 Player 接口

Player 接口控制媒体的播放过程，主要功能是提供方法管理播放器的生命周期。一个 Player 对象的生命周期一般包括 5 种状态：未实例化、实例化、预读取、启动和关闭。

（1）未实例化（Unrealized）：Player 对象刚刚被创建，尚未分配任何资源。

（2）实例化（Realized）：进入实例化状态，表明 Player 对象已经获得了所需资源数据。此时如果调用 dealLocate( )方法，就会返回未实例化状态。

（3）预读取（Prefetched）：在实例化状态下，调用 prefetch( )方法就会进入预读取状态。在这个状态下，Player 对象需要完成很多启动所必须的操作，如获得扬声器或照相机的控制权等。一旦预读取成功，就意味着播放器立刻可以启动了。如果在该状态下调用 dealLocate( )方法，则返回到实例化状态。

（4）启动（Started）：预读取成功之后，调用 start( )方法，进入启动状态。此时播放器开始播放媒体。捕获音频或相机取景视频。启动后可以调用 stop( )方法停止播放，返回预读取状态。

（5）关闭（Closed）：通过 Close( )方法，可以进入关闭状态。此时 Player 对象将释放全部资源，不能被再次使用。

播放器对象状态转换如图 9-2 所示。

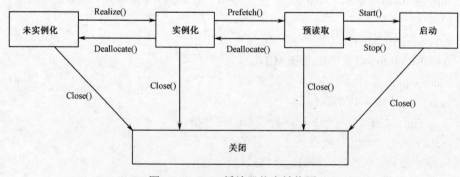

图 9-2　Player 播放器状态转换图

播放器对象可以通过 PlayerListener 接口来监听播放器事件，控制彼方的行为。PlayerListener 接口中只有一个方法：

```
public void playerUpdate(Player player,String event,Object eventData)
```

其中，参数 player 指定发出消息的播放器实例；参数 event 指定事件的类型，如 END_OF_MEDIA 表示媒体播放事件完成一次；参数 eventData 指定发出消息的有关数据。

Player 对象加载监听器的方法，定义如下：

```
public void addPlayerListener(PlayerListener playerListener)
```

删除监听器的方法，定义如下：

```
public void removePlayerListener(PlayerListener playerListener)
```

此外，Player 对象还有一些其他方法：

```
public void setLoopCount(int count)
```

功能：为播放器设置媒体播放循环次数。

```
public long getMediaTime()
```

功能：获取播放器的媒体时间。

其他方法可以查阅有关 API。

9.1.4 数据源 DataSource 类

DataSource 类是对媒体协议处理器的抽象，它隐藏了来自文件、输入流或其他传输机制的媒体数据如何被读取的细节，它还提供 Player 对象访问媒体数据的方法。不过，在实际开发中，使用的数据源对象较少，在此不再赘述。

9.1.5 控制器 Control 接口

在 MMAPI 中定义了很多控制器接口，通过这些控制器可以方便地控制媒体播放的过程。由于 Player 接口本身继承自 Controllable 接口，因此 Player 对象可以直接调用 getControls( )和 getControl( )方法，来获取当前播放器加载的控制器。其方法定义如下：

```
public Control[] getControls()
public Control getControl(String controlType)
```

对于不同的手机，支持的控制器是不一样的，需要程序员根据设备选择。这里列举了 MMAPI 定义的 12 个控制器。

MetaDataControl：用来从媒体中获得元数据信息。

MIDIControl：提供对播放器表示和传输设备的访问。

GUIControl：代表一个具有用户界面组件的控制操作。

PitchControl：改变重放位置，而不改变重放的速度。

RateControl：控制重放速率。

TempoControl：控制 MIDI 歌曲的节奏。

VolumeControl：控制音量。

VideoControl：控制可视内容的显示。

FramePositioningControl：可以精确定位视频的帧。

RecordControl：记录当前被播放 Player 对象的内容。

StopTimeControl：应用程序为 Player 对象预订的停止时间。

ToneControl：可以播放用户自定义音调序列的接口。

9.2　音频播放

对于音频播放，有时需要控制音量的大小，或者静音，这要用到音量控制接口 VolumeControl。音量控制接口使用数字 0~100 作为控制的线性空间，0 代表没声，100 代表最大，但最大和最小音量值完全依赖于具体的硬件实现。

接口中提供了设置音量的方法，定义如下：

```
public void setLevel(int  level)
```

参数 level 取值范围为 0~100。

获得当前音量的方法，定义如下：

```
public int getLevel()
```

返回值在 0~100 之间，但也可能是-1，表示当前设备还没有初始化。

具体代码如下：

```
myVolumeControl=(VolumeControl)player.getControl("VolumeControl");
```

获得播放器自身的 VolumeControl 接口为：

```
myVolumeControl.setLevel(volume);
```

利用 VolumeControl 可以动态设置音量。

还可以用下面方法设置静音：

```
public void setMute(Boolean  mute)
```

参数 mute 取值为 true 时表示播放器处于静音状态。

例 9-1　简单音乐播放实例。在音乐播放过程中，通过音量控制器 VolumeControl 改变音量的大小，通过 stop()方法和 Start()方法实现暂停和继续播放。音乐播放界面如图 9-3 所示。

图 9-3　音乐播放界面

程序名：PlayMusic.java

```
import java.io.IOException;
import java.io.InputStream;
import javax.microedition.lcdui.*;
import javax.microedition.media.*;
import javax.microedition.midlet.*;
public class PlayMusic extends MIDlet implements CommandListener{
    private Form form;
    private Display display;
    private Gauge gauge;
    private Player player;
    private boolean isPause=false;//标志播放器是否处于暂停状态
    private VolumeControl volumeControl;//音量控制器
    private int currentVolume;//当前音量值
    private Command playCommand=new Command("Play",Command.OK,1);
    //播放命令
```

```
private Command pauseCommand=new Command("Pause",Command.OK,1);
//暂停命令
private Command exitCommand=new Command("Exit",Command.EXIT,1);
//退出命令
public PlayMusic(){
    //TODO Auto-generated constructor stub
    form=new Form("Play Music Demo");
    display=Display.getDisplay(this);
}
protected void destroyApp(boolean arg0)
                throws MIDletStateChangeException{
    //关闭播放器
    if(player != null)
    player.close();
}
protected void pauseApp(){  }
protected void startApp() throws MIDletStateChangeException{
    //用 Gauge 实现一个音量调节界面,并设置初始音量为 50
    gauge=new Gauge("Volume Value",true,100,0);
    gauge.setValue(50);
    form.append(gauge);
    form.addCommand(playCommand);
    form.addCommand(exitCommand);
    form.setCommandListener(this);
    display.setCurrent(form);
}
public void commandAction(Command c,Displayable d){
    if(c==playCommand){
        if(isPause){
            try{
            //从暂停的地方继续播放
            player.start();
        }catch (MediaException e){
            e.printStackTrace();
        }
        isPause=false;
    }else playMusic();
    form.removeCommand(playCommand);
    form.addCommand(pauseCommand);
    //启动一个线程,每隔 100ms,检查音量是否改变
    new Thread(){
        public void run(){
```

```
                while(!isPause){
                    int value=gauge.getValue();
                    if(value != currentVolume){
                        currentVolume=value;
                        volumeControl.setLevel(currentVolume);
                    }
                }
                try{
                    Thread.sleep(100);
                }catch (InterruptedException e){
                    e.printStackTrace();
                }
            }
        }.start();
    }else if(c==pauseCommand){
        try{
            player.stop();
        }catch (MediaException e){
            e.printStackTrace();
        }
        form.removeCommand(pauseCommand);
        form.addCommand(playCommand);
        isPause=true;
    }else if(c==exitCommand){
        notifyDestroyed();
    }
}
/**
 * 实现播放音乐
 */
private void playMusic(){
    //读取本地媒体资源，转化为输入流对象
    InputStream is=this.getClass().getResourceAsStream("/1.mid");
    try{
        //关闭播放器
        if(player != null)
        player.close();
        player=Manager.createPlayer(is,"audio/midi");//构造播放器对象
        player.addPlayerListener(new PlayMusicListener());
        //为播放器注册事件监听
        player.realize(); //播放器序列化
        //创建一个音量控制器
```

```
                volumeControl=(VolumeControl)player.getControl(
                                        "VolumeControl");
                currentVolume=gauge.getValue();
                volumeControl.setLevel(currentVolume);
                player.start();//开始播放
            }catch (IOException e){
                //TODO Auto-generated catch block
                e.printStackTrace();
            }catch (MediaException e){
                //TODO Auto-generated catch block
                e.printStackTrace();
            }
        }
        /**
         * 为播放器自定义一个事件监听器
         */
        class PlayMusicListener implements PlayerListener{
            public void playerUpdate(Player player,String event,Object arg2){
                try{
                    if(event.equals(VOLUME_CHANGED)){
                        //捕获到的音量改变事件
                        System.out.println(
                            "Player State Update : VOLUME_CHANGED");
                    }else if(event.equals(STARTED)){
                        //捕获到的开始播放事件
                        System.out.println("Player State Update : STARTED");
                    }else if(event.equals(STOPPED)){
                        //捕获到的停止播放事件
                        System.out.println("Player State Update : STOPPED");
                    }
                }catch (Exception e){
                    e.printStackTrace();
                }
            }
        }
    }
```

将文件名为 1.mid 的音频文件放在资源目录中。程序启动后，界面上将显示一个由 Gauge 实现的音量控制条，如图 9-3 所示。按 Play 键，程序调用 playMusic()方法开始播放音乐。在该方法中，通过 Manager 类调用静态方法，从一个数据流中获得播放器对象 player，然后给 player 对象添加事件监听器和音量控制器 volumeControl。完成实例化后，启动并播放音乐。

在播放过程中，可以通过左右键控制音量。程序中有一个单独的线程，每隔 100ms 时间检查一次音量是否改变。如果改变，则利用音量控制器 volumeControl 调整音量的大小。此外，还可以利用菜单命令暂停或继续播放音乐。

注册了的事件监听接口，可以捕获音量改变事件 VOLUME_CHANGED、播放事件 STARTED 和暂停事件 STOPED，并输出到控制台上。

9.3　视频播放

与音频的处理类似，视频处理由 Manager 指定视频数据来源，创建视频播放器 Player，同时获得自身的控制器 VideoControl，实现在高级用户界面或低级用户界面中显示视频。

典型的代码框架如下：

```
try{
    Player videoPlayer=Manager.createPlayer("videoDataLocation");
    //由数据源位置创建播放器
    videoPlayer.realize();
    //将播放器实例化
    VideoControl c=(VideoControl)videoPlayer.getControl(
                                        "videoControl");
    //获得播放器自身的视频控制接口
    if(c != null){
        c.initDisplayMode(VideoControl.USE_DIRECT_VIDEO,myCanvas);
        //初始化播放模式
        c.setVisible(true);//视频内容可见
        videoPlayer.start();//启动播放器
    }
}catch(IOException ioe){}//捕获 I/O 异常
catch(MediaException me){}//捕获媒体异常
```

与音频播放不同的是，在创建播放器以后，视频播放需要获得一个视频控制接口，该接口用于控制视频的播放。在播放前，需要调用该接口的 initDisplayMode( )方法指定视频播放的模式，并调用 setVisible( )方法使视频内容可见。

指定视频播放模式的方法，定义如下：

```
public Object initDisplayMode(int mode,Object arg)
```

其中，参数 mode 指定显示模式。视频播放模式有两种：一种是在资源受限的设备上的播放模式，用静态常量 USE_DIRECT_VIDEO 表示，该常量支持在 Canvas 画布上添加视频组件，这时需要第二个参数传递一个 Canvas 实例，指定容纳视频的画布；另外一种是在非资源受限的设备上的播放模式，用静态常量 USE_GUI_PRIMITIVE 表示，用于返回 GUI 界面组件，这时第二个参数可以设为 null。

设置视频可视的方法，定义如下：

```
public void setVisible(boolean b)
```

在默认的情况下，视频内容在画布上是不可见的，使用此方法可以显示/隐藏视频内容，参数是布尔型变量，为 true 时显示，为 false 时隐藏。

例 9-2　实现一个手机在线视频播放器。该播放器能够根据 URL 的地址连接服务器，获取视频文件，并在手机上播放。

程序名：VideoMIDlet.java

```java
import java.io.InputStream;
import javax.microedition.io.Connector;
import javax.microedition.io.HttpConnection;
import javax.microedition.lcdui.*;
import javax.microedition.media.*;
import javax.microedition.media.control.*;
import javax.microedition.midlet.*;
public class VideoMIDlet
    extends MIDlet implements CommandListener,PlayerListener,Runnable{
    private Display display;
    private Form form;
    private TextField url;
    private Command start=new Command("Play",Command.SCREEN,1);
    private Command stop=new Command("Stop",Command.SCREEN,2);
    private Player player;
    public VideoMIDlet(){
        display=Display.getDisplay(this);
        form=new Form("Demo Player");
        //创建输入视频 URL 地址的文本框
        url=new TextField("Enter URL:","",100,TextField.URL);
        form.append(url);
        form.addCommand(start);
        form.addCommand(stop);
        form.setCommandListener(this);
        display.setCurrent(form);
    }
    protected void startApp(){
        try{
            //如果播放器处于就绪状态，则播放视频
            if (player != null && player.getState()==Player.PREFETCHED){
                player.start();
            }else{
                defplayer();
                display.setCurrent(form);
            }
        }catch (MediaException me){
            reset();
        }
    }
    protected void pauseApp(){
```

```java
        try{
            //如果播放器处于播放状态，则停止播放
            if (player != null && player.getState()==Player.STARTED){
                player.stop();
            }else{
                defplayer();
            }
        }catch (MediaException me){
            reset();
        }
    }
    protected void destroyApp(boolean unconditional){
        form=null;
        try{
         defplayer();
        }catch (MediaException me){}
    }
    public void playerUpdate(Player player,String event,Object data){
        if (event==PlayerListener.END_OF_MEDIA){
            try{
                defPlayer();
            }catch (MediaException me){}
            reset();
        }
    }
    public void commandAction(Command c,Displayable d){
        if (c==start){
            start();
        }else if (c==stop){
            stopPlayer();
        }
    }
    public void start(){
        //创建播放线程
        Thread t=new Thread(this);
        t.start();
    }
    //为了防止阻塞，网络连接应该被定义在一个线程中，而不是在commandAction()方法中
    public void run(){
        play(getURL());
    }
    String getURL(){
```

```
        return url.getString();
    }

    void play(String url){
        try{
            VideoControl vc;
            defplayer();
            InputStream dis=null;
            //建立并打开 HTTP 连接
            HttpConnection con=
                    (HttpConnection)Connector.open(url,Connector.READ);
            //打开网络输入流
            dis=con.openInputStream();
            if (dis != null){
                //创建播放器实例
                player=javax.microedition.media.Manager.createPlayer(
                                            dis,"video/mpeg");
                //添加消息监听器
                player.addPlayerListener(this);
                //准备播放信息
                player.realize();
                //创建视频控制接口
                vc=(VideoControl) player.getControl("VideoControl");
                if (vc != null){
                    //得到 GUI 界面组件
                    Item video=(Item)vc.initDisplayMode(
                            VideoControl.USE_GUI_PRIMITIVE,null);
                    Form v=new Form("Playing Video...");
                    StringItem si=new StringItem("Status: ","Playing...");
                    v.append(si);
                    //将媒体播放器组件添加到屏幕上
                    v.append(video);
                    display.setCurrent(v);
                }
            }
            player.prefetch();
            //播放视频
            player.start();
        }catch (Throwable t){
            System.out.println(t);
            reset();
        }
```

```
        }
        void defplayer() throws MediaException{
            if (player != null){
                if (player.getState()==Player.STARTED){
                    player.stop();
                }
                if (player.getState()==Player.PREFETCHED){
                    player.dealLocate();
                }
                if (player.getState()==Player.REALIZED ||
                    player.getState()==Player.UNREALIZED){
                    player.close();
                }
            }
            player=null;
        }
        void reset(){
            player=null;
        }
        void stopPlayer(){
            try{
                defplayer();
            }catch (MediaException me){}
            reset();
        }
    }
```

在运行之前，先将一个 MPG 格式的视频文件 dlmu.mpg 放到 Tomcat 服务器的根目录下。本书设置的根目录在 D:\mobile 中，并设置 HTTP 的本机接口为 8066。启动 Tomcat 服务器虚目录为 mobile，然后运行程序 VideoMIDlet.java。如图 9-4 所示为获取视频文件 URL 地址界面，输入：http://127.0.0.1:8066/mobile/dlmu.mpg，如图 9-5 所示为视频文件播放效果。

图 9-4　获取视频文件 URL 地址界面　　　　图 9-5　视频文件播放效果

9.4 手机拍照的实现

现在越来越多的手机都支持拍照功能,下面介绍如何使用 MMAPI 开发手机摄像头拍照功能。

首先,创建 Player 实例,代码为:

```
Player mPlayer=Manager.createPlayer("capture://video")
```

其中,参数"capture://video"是启动摄像头进行图像捕获的协议。

然后,调用 Player 的 realize( )方法,使摄像头处于就绪状态,代码为:

```
mPlayer.realize();
```

最后,创建 VideoControl 视频控制器对象 vc,并通过它创建 GUI 视频组件,代码为:

```
VideoControl vc=(VideoControl)mplayer.getControl("VideoControl");
If(vc!=null){
    vc.initDisplayMode(VideoControl.USE_DIRECT_VIDEO,this);
    //创建 GUI 组件
    vc.setDisplaySize(128,160)
    //设置拍照显示窗口大小
}
vc.setVisible(true);//设置可见性
mplayer.start(); //可以启动拍照
```

摄像头启动之后,还要捕获图像实现拍照功能。通过视频控制器对象调用 getSnapshot 方法,启动摄像头捕获图像,其方法定义为:

```
Public byte[] getSnapshot(String imageType)throws MediaException
```

其中,参数 imageType 为照片的格式,如果其值为 null,则采用手机默认格式(一般为 PNG 格式)。该方法返回图片的二进制数据。假设代码控制器对象为 vc,则可以通过下面的代码获得照片的二进制数据:

```
byte[] raw=vc.getSnapshot(null);
```

将摄像头获取的二进制数组转换为 Image 类对象,代码为:

```
Image image=Image.createImage(raw,0,raw.length);
```

在开发照相机程序时,要搞清楚目标机型是否支持照相功能,如果支持,还要知道支持的图像格式,及图像的大小是多少。下面的代码解决这个问题。如果 prop2 的值不为空,则说明手机支持照相功能,prop2 的值就是照相机支持的图像格式。

```
String prop2=System.getProperty("video.snapshot.encodings");
if (prop2!=null){
  System.out.println("照相机支持的图像格式:"+prop2);
}
```

以上代码在 WTK 默认的彩色模拟器上的输出结果为:

```
照相机支持的图像格式: encoding=pcm encoding=pcm&rate=8000&channels=1
encoding=pcm&rate=22050&bits=16&channels=2
```

在照相机拍摄图像时,可以通过 setDisplaySize 函数设置捕获图像的大小,其定义如下:

```
Public void setDisplaySize(int width,int height)throws MediaException
```

其中,参数 width 和 height 指定捕获图像的宽度和高度。

例 9-3 实现手机拍照程序。本例包括两个程序：画布类程序 CameraCanvas.java 和 MIDlet 类程序 SnapperMIDlet.java。

画布类程序：CameraCanvas.java

```
import javax.microedition.lcdui.*;
import javax.microedition.media.MediaException;
import javax.microedition.media.control.VideoControl;
public class CameraCanvas extends Canvas{
    private SnapperMIDlet mSnapperMIDlet;
    public CameraCanvas(SnapperMIDlet midlet,VideoControl videoControl){
        int width=getWidth();
        int height=getHeight();
        mSnapperMIDlet=midlet;
        videoControl.initDisplayMode(VideoControl.USE_DIRECT_VIDEO,this);
        try{
        videoControl.setDisplayLocation(2,2);
        videoControl.setDisplaySize(width-4,height-4);
        }
        catch (MediaException me){
        try{ videoControl.setDisplayFullScreen(true);}
        catch (MediaException me2){}
        }
        videoControl.setVisible(true);
    }
    public void paint(Graphics g){
        int width=getWidth();
        int height=getHeight();
        //绘制 VideoControl 控件的边框
        g.setColor(0x00ff00);
        g.drawRect(0,0,width-1,height-1);
        g.drawRect(1,1,width-3,height-3);
    }
    public void keyPressed(int keyCode){
        int action=getGameAction(keyCode);
        if (action==FIRE) mSnapperMIDlet.capture();
    }
}
```

MIDlet 类程序：SnapperMIDlet.java

```
import javax.microedition.lcdui.*;
import javax.microedition.media.*;
import javax.microedition.media.control.*;
import javax.microedition.midlet.MIDlet;
public class SnapperMIDlet
```

```java
        extends MIDlet implements CommandListener,Runnable{
private Display mDisplay;
private Form mMainForm;
private Command mExitCommand,mCameraCommand;
private Command mBackCommand,mCaptureCommand;
//创建播放器对象
private Player mPlayer;
//创建视频控制器接口
private VideoControl mVideoControl;
public SnapperMIDlet(){
    mExitCommand=new Command("Exit",Command.EXIT,0);
    mCameraCommand=new Command("Camera",Command.SCREEN,0);
    mBackCommand=new Command("Back",Command.BACK,0);
    mCaptureCommand=new Command("Capture",Command.SCREEN,0);
    mMainForm=new Form("Snapper");
    mMainForm.addCommand(mExitCommand);
    String supports=System.getProperty("video.snapshot.encodings");
    if (supports != null && supports.length()>0){
        mMainForm.append("Ready to take pictures.");
        mMainForm.addCommand(mCameraCommand);
    }else
        mMainForm.append("Snapper cannot use this "+
                        "device to take pictures.");
    mMainForm.setCommandListener(this);
}
public void startApp(){
    mDisplay=Display.getDisplay(this);
    mDisplay.setCurrent(mMainForm);
}
public void pauseApp(){}
public void destroyApp(boolean unconditional){}
public void commandAction(Command c,Displayable s){
    if (c.getCommandType()==Command.EXIT){
        destroyApp(true);
        notifyDestroyed();
    }else if (c==mCameraCommand)
        showCamera();//启动摄像头
    else if (c==mBackCommand)
        mDisplay.setCurrent(mMainForm);//显示主屏幕
    else if (c==mCaptureCommand){
        new Thread(this).start();//创建摄像头捕获图像的线程
    }
```

```
}
private void showCamera(){
    try{
        //创建播放器对象
        mPlayer=Manager.createPlayer("capture://video");
        mPlayer.realize();//使摄像头处于就绪状态
        //创建视频控制器接口
        mVideoControl=
            (VideoControl)mPlayer.getControl("VideoControl");
        Canvas canvas=new CameraCanvas(this,mVideoControl);
        //新建 Canvas 画布对象
        canvas.addCommand(mBackCommand);
        canvas.addCommand(mCaptureCommand);
        canvas.setCommandListener(this);
        mDisplay.setCurrent(canvas);
        mPlayer.start();//启动摄像头
    }catch (Exception ioe){handleException(ioe);}
    //catch (MediaException me){handleException(me);}
}
//捕获图像的线程中的方法定义
public void run(){
    capture();
}
public void capture(){
    try{
        //得到摄像头拍照的图像的字节数组
        byte[] raw=mVideoControl.getSnapshot(null);
        //将摄像头获取的图像二进制字节数组转换成 Image 对象
        Image image=Image.createImage(raw,0,raw.length);
        Image thumb=createThumbnail(image);//调用图像转换方法
        //将图像显示在屏幕上
        if (mMainForm.size()>0 &&
            mMainForm.get(0) instanceof StringItem)
        mMainForm.delete(0);
        mMainForm.append(thumb);
        mDisplay.setCurrent(mMainForm);
        mPlayer.close();//关闭播放器
        mPlayer=null;
        mVideoControl=null;
    }catch (MediaException me){ handleException(me);}
}
private void handleException(Exception e){
```

```
            Alert a=new Alert("Exception",e.toString(),null,null);
            a.setTimeout(Alert.FOREVER);
            mDisplay.setCurrent(a,mMainForm);
        }
    //图像转换方法
    private Image createThumbnail(Image image){
        int sourceWidth=image.getWidth();
        int sourceHeight=image.getHeight();
        int thumbWidth=64;
        int thumbHeight=-1;
        if (thumbHeight==-1)
            thumbHeight=thumbWidth*sourceHeight/sourceWidth;
        Image thumb=Image.createImage(thumbWidth,thumbHeight);
        Graphics g=thumb.getGraphics();
        for (int y=0;y<thumbHeight;y++){
            for (int x=0;x<thumbWidth;x++){
                g.setClip(x,y,1,1);
                int dx=x*sourceWidth/thumbWidth;
                int dy=y*sourceHeight/thumbHeight;
                g.drawImage(image,x-dx,y-dy,Graphics.LEFT | Graphics.TOP);
            }
        }
        Image immutableThumb=Image.createImage(thumb);
        return immutableThumb;
    }
}
```

　　手机拍照主界面如图 9-6 所示，摄像头准备就绪界面如 9-7 所示，显示拍摄图像界面如图 9-8 所示。

图 9-6　手机拍照主界面　　　　图 9-7　摄像头准备就绪界面　　　　图 9-8　显示拍摄图像界面

习题 9

1. 移动媒体 API 主要涉及哪几个基本概念？
2. 管理器提供创建播放器实例的方法是_____。
3. 播放器的生命周期包括_____、_____、_____、_____和_____5 种状态。
4. 在 MMAPI 中获取当前播放器加载的控制器的方法有_____和_____。
5. 为音频播放器注册事件监听器的方法是_____。
6. 视频播放有哪两种模式，含义是什么？
7. 获得照相机播放实例对象的定位符是_____。

第10章 无线消息程序设计

本章简介：本章主要介绍无线消息传递的基本原理、WMA 的基本内容、使用无线消息 API 的基本方法、WTK 提供的 WMA 测试工具、SMS 消息的接收与发送及 CBS 消息的接收等内容。

短信是手机中不可或缺的功能，其具有灵活、价格低廉、无须接收端在线等优点。因此，编写手机无线消息程序也是 Java ME 程序员必须掌握的知识之一。

10.1 无线消息概述

无线消息支持的 Java ME 应用程序能独立于平台访问无线资源，例如，使用全球移动通信系统（Global System for Mobile Communication，GSM）或码分多址（Code Division Multiple Access，CDMA）等无线网络资源，实现消息传递服务。这些消息大致可以分为两类：一对一的短信传递服务（Short Message Service，SMS）和在某各地区提供一对多消息传递的小区广播服务（Cell Broadcast Service，CBS）。

10.1.1 GSM 短消息服务

短消息服务是移动设备之间通过无线网络收发文本的一种服务，通常，文本的长度不超过 160 个字符。GSM 短消息的收发过程如图 10-1 所示。

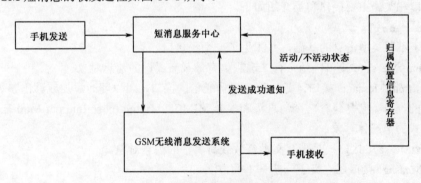

图 10-1　短消息的发送和接收过程

消息一经发送，就会被短消息服务中心接收。该中心根据发送目的地，获得目的地所属的位置和在线状态，这个过程通过查询"归属位置信息寄器"完成。如果接收方处于离线状态，则短消息服务中心保存此消息一段时间（一般是 24 小时），等到接收方在线时，再发送该消息；如果接收方处于在线状态，则直接执行发送过程。

发送过程是由"GSM 无线消息发送系统"（Message Deliver System）完成的，首先向接收方设备进行寻呼，得到响应后发送消息，并向短消息服务中心返回"已发送"的信息，并将不再尝试发送第二次。从消息发送和接收机制中可以看到：发送消息实际上是从手机端发向短消息服务中心；类似地，接收消息实际是从 GSM 无线消息发送系统收消息的。因此在编程中要模拟发送和接收，只需要模拟器将短消息发送到 WTK 的控制台，以及从控制台接收消息即可。

10.1.2　GSM 小区广播

GSM 小区广播负责将消息发送到某个区域内的所有接收方，这里提到的接收方也被称为移动站（Mobile Station）。GSM 小区广播消息的格式可以是文本类型，也可以是二进制类型，最多发送 15 页数据，每页最多有 93 个字符。每条消息都包含以下 4 种属性。

频道号：表示消息主题的头部号，如"天气预报"或"交通信息"等。

消息代码：标识特定的消息，是一条消息的唯一标识。

更新号：确定消息的版本，在一些情况下，某些消息需要时时更新，版本号可以确认将最新的消息内容发送到接收端。

语言：指定消息所使用的语言。

了解短消息和小区广播的基础知识后，可以进一步了解无线消息 API。

10.2　WMA 概述

无线消息 API（Wireless Messaging API，WMA）是属于 Java ME 的一个可选包（Optional Package），提供了无线通信的高级抽象，它隐蔽了传输层，因而编程所要做的工作只是创建消息、发送消息和接收消息。WMA 早期的 1.1 版（JSR120）仅支持文本短消息和二进制短消息。而目前常用的 JSR205 中定义的 WMA 2.0 版增加了对发送和接收多媒体消息（Multi-media Message Service，MMS）的支持。

WMA 2.0 版的短消息开发包为 javax.wireless.messaging，其中定义了所有用于发送和接收无线消息的接口和类。主要接口和类介绍如下。

（1）Message 接口

它定义了不同类型消息的基础，并派生了三个子接口。

● BinaryMessage 接口：是带有二进制位有效载荷属性的消息对象。

● MultipartMessage 接口：是一种多媒体通信的接口，可以随时添加或移出参加多方通信中的一方。它是包含一个消息头和多个 MIME（Multipurpose Internet Mail Extensions）格式的消息体对象。

● TextMessage 接口：是带有文本有效载荷属性的消息对象。

此外，Message 接口还定义了一些基本的方法。

● getAddress()方法：获得消息的地址。对于发送消息，返回目的地址；对于接收消息，返回源地址。

● setAddress()方法：设置消息的地址（由参数指定），专指发送消息的目的地址。

● getTimestamp()方法：获得消息发送的时间，返回值是一个 Date 类型的变量。

实现此接口的对象实例表示了一种抽象的消息，采用转发的方式由发送方传递到接收方，并且从发送方能够获得消息发送的状态。

（2）MessageListener 接口

消息监听器 MessageListener 提供了一种在接收到消息时自动产生通知的机制，并且实现异步接收消息，当某个消息到来时，自动激活 notifyIncomingMessage( )方法。

（3）MessageConnection 接口

该接口继承自 javax.microedition.io.Connection，定义了消息发送和接收的基本方法。可以通过调用 Connector 的 open(URL)方法得到 MessageConnection 实例，调用 close( )方法关闭连接。需要注意的是，消息连接分为服务器端和客户端两类，它们之间通过 URL 进行区分，典型的客户端连接代码如下：

```
String url="sms://138xx038620:50";
MessageConnection mcClient=(MessageConnection)Connector.open(url);
…
mcClient.close();
```

其中，sms 为协议类型，138xx038620 为客户端地址（电话号码），50 为端口号。

典型的服务器端连接代码如下：

```
String url="sms://:50";
MessageConnection mcServer=(MessageConnection)Connector.open(url);
mcServer.close();
```

作为服务器端的参数 URL，只有协议类型和端口号，无须指定接收地址号码。

（4）MessagePart 类

MessagePart 类有构造方法（方法的具体定义将在 10.4.3 节中讲述），是在 WMA 2.0 版中新添加的，用于表示"多方通信中的一方"（实际是多媒体消息中的一部分）。构造方法中的字节数组可以传输多媒体，其实例可以添加到 MultipartMessage 接口中，每一个实例都包含内容、MIME 类型和 ID，还可以选择包含资源位置和编码模式等。

（5）SizeExceededException 类

当发送的消息体积超过容量时抛出的异常。

10.3 使用 WTK 中的 WMA 控制台

WTK 开发包提供了用于无线消息开发的工具，即 WMA 控制台，可以帮助用户开发和测试无线消息处理程序。

10.3.1 配置和启动 WTK 中的 WMA 控制台

在建立无线消息开发项目之前，需要对项目本身所包含的 MIDP 可选包进行配置，配置方法如下：在 Windows 下，选择"开始"→"程序"→"Sun Java Wireless Toolkit 2.5.2_01 for CLDC"→"Preferences"，打开 Preferences 窗口，在左侧列表框中单击 WMA 选项，如图 10-2 所示。

在 First Assigned Phone Number 文本框中列出了一个默认的电话号码，它是 WMA 控制台的电话号码。Phone Number of Next Emulator（下一个模拟器所代表的号码）文本框中可以为空，也可以根据需要进行设置。中间的滑块用于设置随机丢失信息的百分比，最下面的文本框用于设置模拟信息发送的延迟时间，最后单击 OK 按钮保存设置。

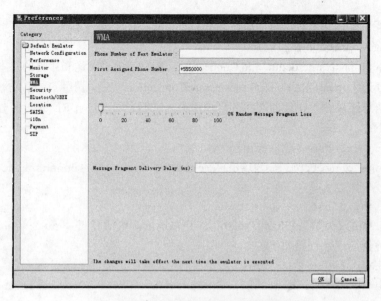

图 10-2　WTK 中设置 WMA 参数的界面

要启动 WTK 中的 WMA 控制台，可以在 Windows 下，选择"开始"→"程序"→"Sun Java Wireless Toolkit 2.5.2_01 for CLDC"→"Utilities"，打开 Utilities 窗口，如图 10-3 所示。

图 10-3　Utilities 窗口

双击 WMA Console（WMA 控制台）选项，打开 WMA Console 窗口，即 WMA 控制台，如图 10-4 所示。

启动控制台后，在文本框中默认显示 WMA 控制台已经运行及当前使用的模拟电话号码，可以清除其中的内容。在控制台上有三个按钮，分别用于发送文本消息、发送小区广播和发送多媒体消息。

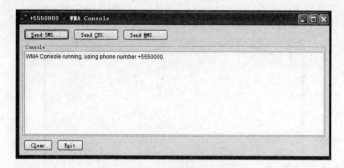

图 10-4　WMA Console 窗口

10.3.2　使用 WMA 控制台发送文本消息

使用 WMA 控制台可以向手机发送文本消息，这个功能用于测试文本消息的发送和接收功能。单击控制台中的 Send SMS 按钮，打开如图 10-5 所示的对话框，在 Text SMS 选项卡中，可以指定接收方的号码、端口号和消息内容，单击 Send 按钮完成发送。

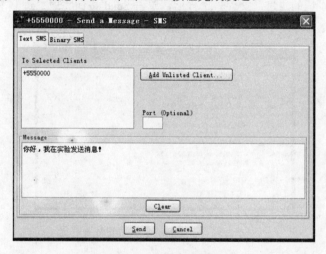

图 10-5　发送消息对话框

发送消息后，在控制台中可以看到发送成功的有关信息，如图 10-6 所示。

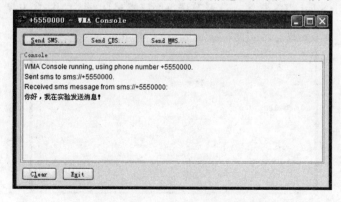

图 10-6　发送文本消息成功的有关信息

单击如图 10-5 所示对话框中的 Binary SMS 选项卡，可以发送二进制消息，如图 10-7 所示。

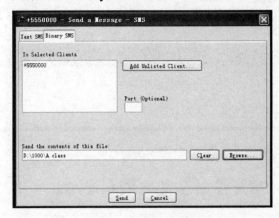

图 10-7　发送二进制消息

发送二进制消息与文本消息类似，只是需要输入包含发送内容的二进制文件名，可以单击 Browse 按钮选择要发送的二进制文件。选择后，单击 Send 按钮完成二进制消息发送。之后可以在控制台中看到发送二进制消息成功的有关信息，如图 10-8 所示。

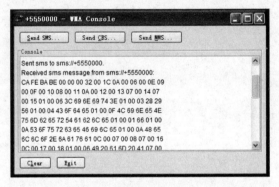

图 10-8　发送二进制消息成功的有关信息

10.3.3　使用 WMA 控制台发送小区广播

在控制台中单击 Send CBS 按钮，打开发送小区广播对话框，如图 10-9 所示。

图 10-9　发送小区广播对话框

在 Message Identifier 文本框中输入消息标识号,然后在 Message 文本框中输入要广播的消息,单击 Send 按钮完成发送。之后可以在控制台中看到发送小区广播成功的有关信息,如图 10-10 所示。

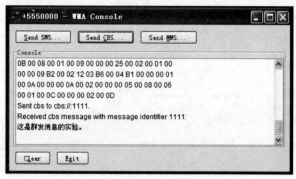

图 10-10　发送小区广播成功的有关信息

10.3.4　使用 WMA 控制台发送多媒体消息

在控制台中单击 Send MMS 按钮,打开发送多媒体消息对话框,如图 10-11 所示。

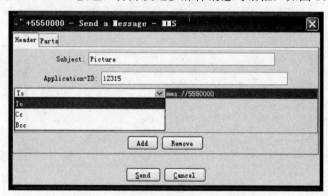

图 10-11　发送多媒体消息对话框

(1) Header 选项卡

在 Subject 文本框中,可以输入多媒体消息的主题。

在 Application-ID 文本框中,可以输入应用程序标识。

在左侧下拉列表中有 3 种发送类型:

● To　直接发送消息到接收方;

● Cc　在发送消息的同时,把消息抄送给另外的目标地址,并且接收方可以看到抄送地址;

● Bcc　密件抄送,与 Cc 相同,只是接收方看不到抄送地址。

在右侧文本框中输入具体接收地址,并且必须以"mms://"开头,例如,可以选服务器 5550000 作为目标地址。

单击 Add 按钮或 Remove 按钮可以添加或删除多个目标地址。

(2) Parts 选项卡

在 Parts 选项卡中可以添加要发送的多媒体消息内容,如图 10-12 所示。

图 10-12　要发送的多媒体消息内容

单击 Add 按钮，可以添加要发送的多媒体文件，这里选择 D:\picture.png 图片文件。

设置全部完成后，单击 Send 按钮完成发送，在控制台中可以看到发送多媒体消息成功的有关信息，如图 10-13 所示。这些信息包括：消息的主题、优先级、多媒体部分编号、内容标识、MIME 类型、编码种类、消息长度等。

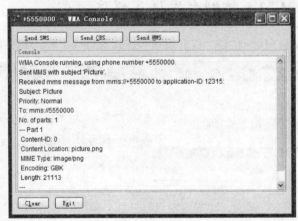

图 10-13　发送多媒体消息成功的有关信息

10.4　编写利用 WMA 控制台收发短消息的程序

本节将介绍如何编写利用 WMA 2.0 发送和接收各种类型消息的程序。

10.4.1　发送和接收 SMS 消息

要使用 MIDlet 程序发送和接收 SMS 消息，首先要建立消息连接。在 WMA 2.0 中定义了消息连接类 MessageConnection，它提供了消息发送和接收的基本功能，包括：发送和接收的基本方法，创建 Message 对象方法，以及计算发送指定 Message 对象所根据的 GSM 连接规范，所需底层协议段数量的方法等。

构造 MessageConnection 类的实例时，需要传递一定格式的 URL 字符串给 Connector.open(URL 方法。这个 URL 有三种格式。

格式 1：

```
sms://+phone_number
```

功能：向特定手机号码发送消息。由于没有指定端口，因此消息会发送到默认端口，被手机中的消息应用程序接收。

注意：由于手机本地的消息应用程序拥有比 Java ME 程序更高的优先级，因此使用默认端口发送出的短消息不可能被 Java ME 应用程序监听到。

格式 2：

```
sms://+phone_number:port
```

功能：向特定手机号码的特定端口号发送消息。如果收件人手机正在运行一个 Java ME 程序监听该端口，则该手机可以接收到该消息。

注意：在这种情况下，本地的 SMS 收件箱无法接收到这种特定端口的短消息。如果一部手机上需要运行多个 SMS 相关应用程序，那么一定要预防端口地址冲突。

格式 3：

```
sms://:port
```

功能：监听特定端口。使用这种格式的 URL 时，Java ME 程序作为该特定端口的一个服务器，因此这个连接也成为服务器模式的连接。使用该连接的应用程序可以接收和发送给这个端口的 SMS 消息。

消息连接对象建立后，可以通过 MessageConnection 类的 newMessage( )方法创建一个 Message 类的实例。该方法定义如下：

```
public Message newMessage(String type)
public Message newMessage(String type,String address)
```

其中，参数 address 指定消息接收方地址。参数 type 指定要创建 Message 消息的类型，可以有三个取值：

- TEXT_MESSAGE　创建一个文本类型消息；
- BINARY_MESSAGE　创建一个二进制类型消息；
- MULTIPART_MESSAGE　创建一个多媒体类型消息。

Message 类型是一个接口，在其中定义了 3 个方法：

- public String getAddress( )　返回消息中的地址；
- public void setAddress(String address)　设置消息接收地址；
- public Date getTimestamp( )　返回消息发送的时间。

一个文本消息由三部分组成：消息的源/目标地址（发送时该字段保留源地址，接收时该字段保留目标地址）；Payload 字段是消息的正文内容，或称为消息的有效载荷；最后是控制标志，表明该消息是否被阻塞，如图 10-14 所示。

源/目标地址	Payload	控制标志

图 10-14　文本消息的组成结构

对于文本消息，TextMessage 接口作为 Message 接口的子接口，继承了其父接口的上述三个方法，并扩展了两个方法：

```
public String getPayloadText()
//获取消息文本
public void setPayloadText(String data)
//设置消息文本
```

设置消息后，就可以使用 MessageConnection 的 send( )
方法将消息发送出去。不过在实际编写发送 SMS 消息时，
一定将发送消息的代码放在主线程之外的一个新线程中，否
则将会引起网络阻塞，使程序处于瘫痪，不能执行。

例 10-1 实现发送和接收文本消息。模拟器接收和发送
界面如图 10-15 所示。

图 10-15 模拟器接收和发送界面

程序名：TextMessageDemo.java

```java
import javax.wireless.messaging.*;
import javax.microedition.io.*;
import java.io.*;
import javax.microedition.lcdui.*;
import javax.microedition.midlet.*;
public class TextMessageDemo extends MIDlet
        implements CommandListener,MessageListener,Runnable{
    private Command cmdExit;//退出程序的命令按钮
    private Command cmdSendMsg;//发送消息的命令按钮
    private Display display;//Display 管理
    private Form form;
    private TextField tfMsgText;//消息内容
    private TextField tfPhoneNumber;//用于输入目标电话号码
    private MessageConnection recieveConn;//用于接收消息
    public TextMessageDemo(){
        display=Display.getDisplay(this);
        cmdExit=new Command("退出程序",Command.EXIT,1);
        cmdSendMsg=new Command("发送消息",Command.SCREEN,2);
        tfMsgText=new TextField("请输入消息内容：","",255,TextField.ANY);
        tfPhoneNumber=new TextField("请输入接收号码：","",255,
                                    TextField.PHONENUMBER);
    }
    /**
     * 开始运行 MIDlet
     */
    public void startApp(){
        try{
            recieveConn=(MessageConnection)Connector.open("sms://:5008");
            //Register the listener for inbound messages.
            recieveConn.setMessageListener(this);
        }catch (IOException ioe){
            System.out.println("不能进行接收消息连接："+ioe.toString());
        }
        form=new Form("接收/发送消息演示 - 接收端口为 5008");
```

```java
        form.append(tfMsgText);
        form.append(tfPhoneNumber);
        form.addCommand(cmdExit);
        form.addCommand(cmdSendMsg);
        form.setCommandListener(this);
        display.setCurrent(form);
    }
    public void pauseApp(){}
    public void destroyApp(boolean unconditional){
        notifyDestroyed();
    }
    /**
     * 处理命令按钮事件
     */
    public void commandAction(Command c,Displayable s){
        if (c==cmdExit){
            destroyApp(false);
        }else if (c==cmdSendMsg){
        //检查电话号码是否存在
            String pn=tfPhoneNumber.getString();
            if (pn.equals("")){//注意如果使用 pn=="" 会不起作用
            Alert alert=new Alert("发送消息错误","请输入接收的电话号码",
                                null,AlertType.ERROR);
            alert.setTimeout(2000);
            display.setCurrent(alert,form);
            AlertType.ERROR.playSound(display);
            }else{
            try{
                new Thread(this).start();
            }catch (Exception exc){
                exc.printStackTrace();
            }
            }
        }
    }
public void run(){
    boolean result=true;
    try{
        String address="sms://+"+tfPhoneNumber.getString();//地址
        MessageConnection conn=(MessageConnection)Connector.open(address);
        //建立连接
        TextMessage msg=(TextMessage)conn.newMessage(
```

```
                         MessageConnection.TEXT_MESSAGE);
    //设置短信息类型为文本
    msg.setAddress(address);//设置消息地址
    msg.setPayloadText(tfMsgText.getString());//设置信息内容
    conn.send(msg);//发送消息
}catch(Exception e){
    result=false;
    System.out.println("发送短消息错误："+e.toString());
}
}
/**
 * 接收消息
 */
public void notifyIncomingMessage(MessageConnection conn){
    System.out.println("收到了一条新消息");
    Message msg=null;
    //读取消息
    try{
        msg=conn.receive();
    }catch (Exception e){
        //处理读取消息时的异常
        System.out.println("读取消息错误："+e);
    }
    //处理读取的文本消息
    if (msg instanceof TextMessage){
        TextMessage tmsg=(TextMessage)msg;
        form.append("接收到一条消息，发送时间： " +
        tmsg.getTimestamp().toString()+"\n");
        form.append("消息发送方："+tmsg.getAddress()+"\n");
        form.append("消息内容："+tmsg.getPayloadText());
    }
}
}
```

　　运行程序，首先显示模拟器接收和发送界面，如图 10-15 所示。
　　然后启动 SMS 短消息发送控制台，如图 10-16 所示。输入要发送的信息："测试发送消息。"
并设置端口号 5008，设置发送客户端手机地址 5550000，之后单击 Send 按钮。
　　在模拟器界面中将显示收到消息，界面如图 10-17 所示。
　　在模拟器界面中输入要发送的消息"这是从客户端测试发送消息"，并设置接收号码
5550001，之后单击"发送消息"按钮，如图 10-18 所示。控制台接收文本消息，如图 10-19
所示。

图 10-16 SMS 短消息发送控制台

图 10-17 模拟器收到的消息

图 10-18 模拟器发送消息

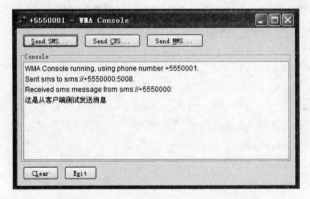

图 10-19 控制台接收文本消息

10.4.2 发送和接收二进制消息

二进制消息在实际应用中具有非常重要的作用，可以传输许多文本消息所不能传输的信息，如传递二进制数据文件、图像文件、声音文件等。

二进制消息使用的是 BinaryMessage 接口，因此在接口设置和还原消息有效负载内容方面与文本消息不同。

当 MessageConnection 类的实例调用 newMessage( ) 方法，并且参数取值为 Message.Connection.

239

BINARY_MESSAGE 时，将得到 BinaryMessage 接口的实例。

BinaryMessage 接口除了继承 Message 接口中方法之外，还定义了以下两个新方法。

方法 1：

```
public void setPayloadData(byte[] data)
```

方法 2：

```
public byte[] getPayloadData()
```

方法 1 将二进制消息内容放到一个字节数组中，之后将这个字节数组作为二进制消息的有效载荷。在接收到二进制消息后，使用方法 2 获得字节数组中的二进制消息的内容。

对于二进制消息，通常要进行转换才能得到有效的数据，例如，要将收到的二进制数据转换为图像，然后才能显示到屏幕上。

例 10-2　演示二进制消息发送和接收的基本方法。程序初始运行界面如图 10-20 所示。

源程序名：BinMsg.java

图 10-20　程序初始运行界面

```java
import javax.microedition.midlet.*;
import javax.microedition.lcdui.*;
import javax.microedition.io.*;
import javax.wireless.messaging.*;
import java.io.*;
public class BinMsg extends MIDlet
        implements CommandListener,MessageListener,Runnable{
    private Command cmdExit;//退出程序的命令按钮
    private Command cmdSendMsg;//发送消息的命令按钮
    private Display display;//Display管理
    private Form form;
    private TextField tfMsgText;//消息内容
    private TextField tfPhoneNumber;//用于输入目标电话号码
    private MessageConnection recieveConn;//用于接收消息
    //在收到二进制消息时，用一个表单和两个按钮显示提示信息
    Command cmdRead;
    Command cmdReturn;
    Form formNotice;
    BinMsgCanvas bmc=new BinMsgCanvas();//显示收到的图像
    private BinaryMessage bm;//保存接收到的二进制消息
    public BinMsg(){
        display=Display.getDisplay(this);
        cmdExit=new Command("退出程序",Command.EXIT,1);
        cmdSendMsg=new Command("二进制格式发送",Command.SCREEN,2);
        tfMsgText=new TextField("请输入消息内容：","",255,TextField.ANY);
        tfPhoneNumber=new TextField("请输入接收号码：","",255,
        TextField.PHONENUMBER);
```

```java
}
/**
 * 开始运行 MIDlet
 */
public void startApp(){
    //创建消息连接
    try{
        recieveConn=(MessageConnection)Connector.open("sms://:5008");
        //注册接收消息的监听器
        recieveConn.setMessageListener(this);
    }catch (IOException ioe){
        System.out.println("不能进行接收消息连接："+ioe.toString());
    }
    //初始化收到二进制消息时的提示窗口
    cmdRead=new Command("阅读消息",Command.SCREEN,2);
    cmdReturn=new Command("返回",Command.STOP,1);
    formNotice=new Form("收到新二进制消息");
    formNotice.addCommand(cmdRead);
    formNotice.setCommandListener(this);
    //初始化显示图像的画布
    bmc.addCommand(cmdReturn);
    bmc.setCommandListener(this);
    //初始化主窗口
    form=new Form("接收/发送消息演示 - 接收端口为5008");
    form.append(tfMsgText);
    form.append(tfPhoneNumber);
    form.addCommand(cmdExit);
    form.addCommand(cmdSendMsg);
    form.setCommandListener(this);
    display.setCurrent(form);
}
public void pauseApp(){}
public void destroyApp(boolean unconditional){
    notifyDestroyed();
}
/**
 * 处理命令按钮事件
 */
public void commandAction(Command c,Displayable s){
    String label=c.getLabel();
    if (label.equals("退出程序")){
        destroyApp(false);
```

```
        }else if (label.equals("二进制格式发送")){
            //检查电话号码是否存在
            String pn=tfPhoneNumber.getString();
            if (pn.equals("")){//注意如果使用 pn==""会不起作用
                Alert alert=new Alert("发送消息错误","请输入接收的电话号码",
                                    null,AlertType.ERROR);
                alert.setTimeout(2000);
                display.setCurrent(alert,form);
                AlertType.ERROR.playSound(display);
            }else{
                try{
                    new Thread(this).start();
                }catch (Exception exc){
                    exc.printStackTrace();
                }
            }
        }else if (label.equals("阅读消息")){//显示二进制消息内容
            if (bm != null){
                bmc.setPicData(bm.getPayloadData());
                display.setCurrent(bmc);
                bmc.repaint();
            }
        }else if (label.equals("返回")){//返回主界面
            bm=null;
            display.setCurrent(form);
        }
    }
    /**
     * 定义线程的执行方法，给指定号码发送二进制信息
     */
    public void run(){
        try{
            String address="sms://+"+tfPhoneNumber.getString();//地址
            MessageConnection conn=
                        (MessageConnection)Connector.open(address);
            //建立连接
            BinaryMessage msg=(BinaryMessage)conn.newMessage(
                            MessageConnection.BINARY_MESSAGE);
            //设置短信息类型为二进制类型
            msg.setAddress(address);//设置消息地址
            msg.setPayloadData(tfMsgText.getString().getBytes());
            //设置信息内容
```

```
                conn.send(msg);//发送消息
        }catch(Exception e){
            System.out.println("发送短消息错误："+e.toString());
        }
    }
    /**
     * 接收消息
     */
    public void notifyIncomingMessage(MessageConnection conn){
        System.out.println("收到了一条新消息");
        Message msg=null;
        //读取消息
        try{
            msg=conn.receive();
        }catch (Exception e){//处理读取消息时的异常
            System.out.println("读取消息错误："+e);
        }
        //处理读取的二进制消息
        if (msg instanceof BinaryMessage){
            bm=(BinaryMessage)msg;
            formNotice.deleteAll();
            formNotice.append("发送时间：\n" +bm.getTimestamp().toString()+
                        "\n");
            formNotice.append("消息发送方：\n"+bm.getAddress()+"\n");
            display.setCurrent(formNotice);
        }
    }
    class BinMsgCanvas extends Canvas{
        byte[] picData=null;
        //构造二进制消息显示画布，data 必须为二进制图形数据
        public BinMsgCanvas(byte[] data){
            picData=data;
        }
        public BinMsgCanvas(){}
        /**
         * 设置要显示的图形数据
         * 其中参数 data 为二进制图形数据
         */
        public void setPicData(byte[] data){
            picData=data;
        }
        protected void paint(Graphics g){
```

```
        if (picData != null){
            ByteArrayInputStream bais=
                        new ByteArrayInputStream(picData);
        Image img;
        try{
            img=Image.createImage(bais);
        }catch (Exception e){
            System.out.println("读取图像数据错误："+e.toString());
            return;
        }
        //显示图像
        g.drawImage(img,img.getWidth(),img.getHeight(),
                Graphics.LEFT | Graphics.TOP);
        }
    }
  }
}
```

在如图 10-20 所示的手机模拟器中，在"请输入消息内容"框中输入"hello World"，在"请输入接收号码"框中输入"5550001"，按"二进制格式发送"键。之后，在 WMA 控制台中可以看到接收到的二进制信息，如图 10-21 所示。

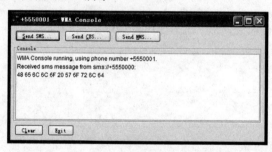

图 10-21 控制台接收到的二进制信息

接下来，从控制台发送一张图片的二进制信息给手机模拟器。先选择 Binary SMS 选项卡，如图 10-22 所示，设置端口号为 5008，单击 Browse 按钮，选择一个图片文件"D:\fire.png"，单击 Send 按钮。

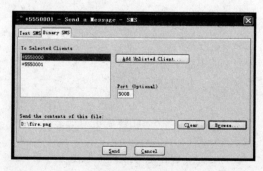

图 10-22 选取 Binary SMS 选项卡

在手机模拟器中，接收到的二进制消息如图 10-23 所示。

按"阅读消息"键，得到从控制台发送的图片消息，如图 10-24 所示。

图 10-23　二进制消息

图 10-24　图片消息

10.4.3　发送和接收多媒体消息

在 WMA 2.0 版 API 中新增加了 MUltipartMessage 类和 MessagePart 类，MUltipartMessage 类用来封装多媒体消息的操作和功能，MessagePart 类则封装了多媒体消息中的各个部分。

每一个多媒体消息都有一个消息头，还可以有一个或多个 MessagePart，并且每个 MessagePart 都由头和正文两部分组成。多媒体消息的结构如图 10-25 所示。

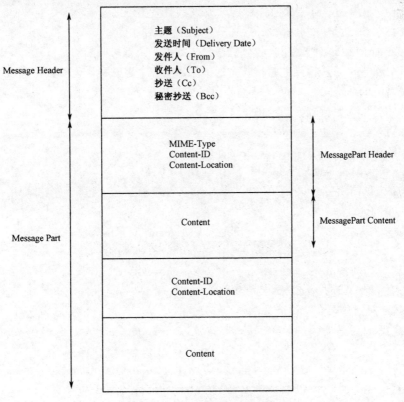

图 10-25　多媒体消息的结构

要发送和接收多媒体消息，首先要创建多媒体消息的连接对象，这一点与短消息类似，仍然使用 Connector.open(URL)方法。不过，创建多媒体消息连接的 URL 采用如下格式：

```
mms://+phone_number:appID
```

其中，mms:// 表示多媒体消息协议，phone_number 为接收端的号码，appID 为接收端的应用程序 ID 号，其最大长度为 32 个字符，一般为应用程序 Java 类名。多媒体消息的应用程序 ID 与文本短消息的端口号等价。

有了连接对象（如 mmsconn）之后，就可以使用 newMessage()方法了。使用如下语句创建多媒体消息 MUltipartMessage 类对象：

```
MUltipartMessage mmmessage=(MUltipartMessage);
mmsconn.newMessage(MessageConnection.MULTIPART_MESSAGE);
```

MUltipartMessage 类中的 setAddress( )方法和 addAddress( )方法用于设置接收方地址，其具体定义如下：

```
public Boolean addAddress(String type,String address)
public void setAddress(String address)
```

其中，参数 address 指定接收方地址；参数 type 指定地址类型，类型为 to 表示直接发送到，为 cc 表示发送的同时抄送到，为 bcc 表示加密抄送到。

设置好地址后，可以使用下面两个方法设置和返回主题：

```
public void setSubject(String subject)
public String getSubject()
```

MUltipartMessage 类中的 getAddress( )和 getAddresses( )方法返回发送方的地址，定义如下：

```
public String getAddress()
public String[] getAddresses(String type)
```

如果 MUltipartMessage 类对象是收到的消息，则第一个方法返回的是发送方的地址；如果是发送的消息，则第一个方法返回的是接收方的地址。第二个方法可以返回指定类型（to 类型、cc 类型或 bcc 类型）的地址。

下面三个方法，可以删除设置的地址：

```
public Boolean removeAddress(String type, String address)
public void removeAddresses( )
public void removeAddresses(String type)
```

第一个方法删除指定类型，指定地址；第二个方法没有参数，将删除全部地址；第三个方法将删除指定类型的地址。

向 MUltipartMessage 类对象中添加和删除 MessagePart 对象的方法，定义如下：

```
public void addMessagePart(MessagePart part)
public Boolean removeMessagePart(MessagePart part)
```

其中，参数 part 是 MessagePart 类的实例。

MessagePart 对象共有 3 个构造方法：

```
public MessagePart(InputStream is,String mimeType,String contentID,
                    String contentLocation,String enc)
                    throws java.io.IOException,SizeExceededException
public MessagePart(byte[] contents,String mimeType,String contentID,
                    String contentLocation,String enc)
```

```
                           throws SizeExceededException
    public MessagePart(byte[] contents,int offset,int length,String mimeType,
                       String contentID,String contentLocation,String enc)
                           throws SizeExceededException
```

构造方法中各参数说明如下。

参数 is 是一个输入流对象，它以流的形式保存内容数据。

参数 mimeType 指定内容的 MIME 类型，以保证接收方能够正确识别内容的格式，而不需要像二进制消息那样，接收端要预先知道内容数据的含义。常用的 MIME 类型有：

- image/bmp　表示 BMP 图片；
- image/jpg　表示 JPEG 图片；
- image/gif　表示 GIF 图片；
- audio/x-wav　表示 WAV 音频格式；
- audio/midi　表示 MIDI 音频格式；
- audio/mp3　表示 MP3 音频格式；
- video/mpeg　表示 MPEG 视频格式。

图 10-26　程序初始运行界面

参数 contentID 指定头部的 content-id 域的值。

参数 contentLocation 指定附件文件的文件名和路径。如果该参数为 null，则 MessagePart 不会附加任何文件。

参数 enc 指定使用的编码方式，如 UTF-8 等。

参数 contents 是一个字节数组，其内容可以是图片、音频、视频等多媒体数据。

参数 offset 指定读取 contents 中多媒体数据的起始位置。

参数 length 指定从 contents 中读取多媒体数据的长度。

例 10-3　接收多媒体消息实例。程序初始运行界面如图 10-26 所示。

程序名：MMSReceive.java。

```
import javax.microedition.midlet.*;
import javax.microedition.io.*;
import javax.microedition.lcdui.*;
import javax.wireless.messaging.*;
import java.io.IOException;
public class MMSReceive extends MIDlet
implements CommandListener,Runnable,MessageListener{
    private static final Command CMD_EXIT  =new Command("Exit",
                                            Command.EXIT,2);

    private Form content;
    private Display display;
    private Thread thread;//声明接收多媒体消息的线程
    private String[] connections;
    private boolean done;//声明接收消息成功与否的标识位
    private String appID;//声明监听多媒体消息的applicationID
```

```java
private MessageConnection mmsconn;//声明多媒体消息连接对象
private Message msg;//声明获得的多媒体消息的对象
private String senderAddress;//声明多媒体消息发送方的地址
private Alert sendingMessageAlert;
private Displayable resumeScreen;
private String subject;//声明接收多媒体消息的标题
private String contents;//声明接收多媒体消息的内容
public MMSReceive(){
    appID="MMSTest";//初始化多媒体消息的applicationID
    display=Display.getDisplay(this);
    content=new Form("MMS Receive");
    content.addCommand(CMD_EXIT);
    content.setCommandListener(this);
    content.append("Receiving...");
    sendingMessageAlert=new Alert("MMS",null,null,AlertType.INFO);
    sendingMessageAlert.setTimeout(5000);
    sendingMessageAlert.setCommandListener(this);
    resumeScreen=content;
}
public void startApp(){
    String mmsConnection="mms://:"+appID;//多媒体消息连接字符串
    if (mmsconn==null){//打开连接
        try{
            mmsconn=
                (MessageConnection) Connector.open(mmsConnection);
            mmsconn.setMessageListener(this);
        }catch (IOException ioe){
            ioe.printStackTrace();
        }
    }
    //等待发送方发送多媒体消息
    connections=PushRegistry.listConnections(true);
    if (connections==null || connections.length==0){
        content.deleteAll();
        content.append("Waiting for MMS on applicationID "+
                    appID+"...");
    }
    done=false;
    thread=new Thread(this);
    thread.start();
    display.setCurrent(resumeScreen);
}
```

```java
// 当多媒体消息到来时，触发该监听器
public void notifyIncomingMessage(MessageConnection conn){
    if (thread==null && !done){
        thread=new Thread(this);
        thread.start();
    }
}
//读取多媒体消息线程的执行方法
public void run(){
    try{
        msg=mmsconn.receive();
        if (msg != null){
            senderAddress=msg.getAddress();
            content.deleteAll();
            String titleStr=senderAddress.substring(6);
            int colonPos=titleStr.indexOf(":");
            if (colonPos != -1){
                titleStr=titleStr.substring(0,colonPos);
            }
            content.setTitle("From: "+titleStr);
            if (msg instanceof MultipartMessage){
                MultipartMessage mpm=(MultipartMessage)msg;
                StringBuffer buff=new StringBuffer("Subject: ");
                buff.append((subject=mpm.getSubject()));
                buff.append("\nDate: ");
                buff.append(mpm.getTimestamp().toString());
                buff.append("\nContent:");
                StringItem messageItem=new StringItem("Message",buff.
                toString());
                messageItem.setLayout(Item.LAYOUT_NEWLINE_AFTER);
                content.append(messageItem);
                MessagePart[] parts=mpm.getMessageParts();
                if (parts != null){
                    for (int i=0;i<parts.length;i++){
                        buff=new StringBuffer();
                        MessagePart mp=parts[i];
                        buff.append("Content-Type: ");
                        String mimeType=mp.getMIMEType();
                        buff.append(mimeType);
                        String contentLocation=mp.getContentLocation();
                        buff.append("\nContent:\n");
                        byte[] ba=mp.getContent();
```

```java
                        if (mimeType.equals("image/png")){
                            content.append(buff.toString());
                            Image img=Image.createImage(ba,0,
                                                ba.length);
                            ImageItem ii=new ImageItem(contentLocation,
                                    img,Item.LAYOUT_NEWLINE_AFTER,
                                    contentLocation);
                            content.append(ii);
                        }else{
                            buff.append(new String(ba));
                            StringItem si=new StringItem("Part",
                                        buff.toString());
                            si.setLayout(Item.LAYOUT_NEWLINE_AFTER);
                            content.append(si);
                        }
                    }
                }
            }
            display.setCurrent(content);
        }
    }catch (IOException e){
        e.printStackTrace();
    }
}
public void pauseApp(){
    done=true;
    thread=null;
    resumeScreen=display.getCurrent();}
    public void destroyApp(boolean unconditional){
    done=true;
    thread=null;
    if (mmsconn != null){
        try{
            mmsconn.close();
        }catch (IOException e){}
    }
}
public void commandAction(Command c,Displayable s){
    try{
        if (c==CMD_EXIT || c==Alert.DISMISS_COMMAND){
            destroyApp(false);
            notifyDestroyed();
```

```
            }
        }catch (Exception ex){ex.printStackTrace();}
    }
}
```

打开多媒体消息发送控制台，如图 10-27 所示，在 Header 选项卡中，设置主题为 Picture，应用程序 ID 为 MMSTest，发送到（To）手机号为 5550000。在 Parts 选项卡中，单击 Add 按钮，选择要发送的图片，如图 10-28 所示。

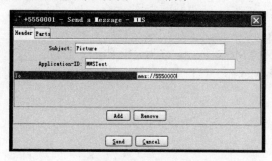

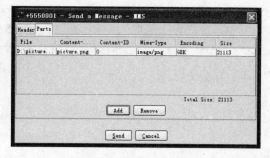

图 10-27　多媒体消息发送控制台 Header 选项卡　　　图 10-28　选择要发送的图片

最后，单击 Send 按钮，完成发送。这时，在控制台中可以看到发送成功的相关信息，如图 10-29 所示。

在模拟器手机中，可以看到接收到的多媒体照片，如图 10-30 所示。

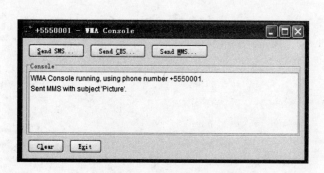

图 10-29　控制台表示发送成功　　　图 10-30　接收的多媒体照片

习题 10

1. 无线消息大致分为几类？
2. 无线短消息发送和接收过程分为哪两步？
3. 小区广播消息包含_____、_____、_____和_____4 种属性。
4. Message 接口派生的 3 个子接口为_____、_____、_____。
5. Message 接口定义的基本方法有_____、_____、_____。
6. 使用 Connector.open(URL) 方法，创建 SMS 客户端连接实例中 URL 格式为_____，服务器端 URL 格式为_____。

7. 使用 Connector.open(URL)方法，创建 MessageConnection，参数 URL 为：

```
String url= "sms://138xx038620:50"
```

其中，sms 表示_____，138xx038620 表示_____，50 表示_____。

同理，发送多媒体消息也使用 Connector.open(URL)方法，如：

```
mms://+phone_number:appID
```

其中，mms 表示_____，phone_number 表示_____，appID 表示_____。

8. 可以通过 MessageConnection 类的 newMessage( )方法创建一个 Message 类的实例，如：

```
public Message newMessage(String type)
```

其中，参数 type 的取值可为：TEXT_MESSAGE、_____和_____。

9. 对于文本消息，TextMessage 接口在继承父类 Message 接口之后又扩展了两个方法_____和_____。同理，BinaryMessage 接口除了继承 Message 接口中的方法之外，亦扩展了新的方法：_____和_____。

第 11 章　应用程序管理软件

本章简介：应用程序管理软件（Application Management Software，AMS）负责 MIDlet 的生命周期管理，包括运行、暂停和销毁等。MIDP 应用程序的安装和 Push 注册也是 AMS 功能的重要组成部分。本章主要介绍 MIDP 应用程序通过 AMS 下载到模拟器中的过程，以及 ASM 提供的 Push 应用编程接口，并跟踪 Push 注册事件。

要对 MIDlet 套件进行正确的测试，应该将套件下载并安装到工具包的模拟器或真实设备中。本章以前在 Eclipse 环境下选择"运行"菜单命令时，MIDlet 套件并没有安装到模拟器中，只是由模拟器直接运行 MIDlet 类。事实上，Java ME 的 WTK 模拟器可以将 MIDP 应用程序安装到内存中，该过程与应用程序在真实设备中的传送安装过程类似。学习这些内容可以帮助我们了解应用程序下载到真实设备中的安装过程，并且只有将 MIDP 应用程序下载安装到 WTK 的模拟器中，才能测试使用 Push 技术的应用程序。所以本章先介绍将 MIDP 应用程序通过 OTA（Over The Air），即无线协议技术规范，下载安装到模拟器中的过程，然后介绍 Push 技术。

11.1　MIDP 应用程序经 OTA 下载安装

MIDP 2.0 规范包括"无线协议用户初始化预置规范"（Over The Air User Initiated Provisioning Specification），简称预置规范。该预置规范描述了 MIDlet 套件如何通过 OTA 或称通过无线网络下载并安装应用程序的技术方案。OTA 与预置规范基于 HTTP 或采用 http://方案的 WAP（Wireless Application Protocol，无线应用协议）。用户可以通过移动设备上预先安装好的 WWW、WAP 或 i-Mode 浏览器来发现和下载 MIDlet 套件。使用 Java ME 的 WTK 模拟器可以对 OTA 的下载过程进行测试。

11.1.1　OTA 下载安装过程

这里忽略建立无线基站、网络节点等细节部分，OTA 下载过程可以看做移动设备与服务器间直接连接的过程。其基本步骤是：将在 Eclipse 开发环境中完成模拟运行的程序打包，形成 MIDlet 套件的 JAR 文件和 JAD 文件；将 JAR 文件和 JAD 文件部署于 Web 服务器中；移动设备向服务器发出获取 JAD 文件的请求；服务器接收请求并把 JAD 文件发送给移动设备；移动设备检查 JAD 文件，验证 MIDlet 对设备的适用性，如果适用，则根据 JAD 文件中的 MIDlet-Jar-URL 地址下载 JAR 文件，最后将 MIDlet 套件安装到移动设备中。下面以 HelloChina 套件为例讲述这个过程。

11.1.2　在 Eclipse 中形成 JAR 文件和 JAD 文件

在 Eclipse 开发环境中正确运行 HelloChina 程序之后，在左侧 Package Ex 选项卡的树结构中选中 HelloChina 项目，单击右键，从快捷菜单中选择"J2ME"→"Create Package"命令，对 HelloChina

图 11-1 在项目中形成 JAR 文件
和 JAD 文件

套件进行打包。之后，会在 HelloChina 项目的 deployed 目录下形成套件的 HelloChina.jar 文件和 HelloChina.jad 文件，如图 11-1 所示。

11.1.3　在服务器中搭建 OTA 下载环境

在这个方案中，首先将 MIDP 应用程序部署到 Web 服务器中。为此要先搭建 Web 服务器，形成 OTA 下载环境。这和建立一般 Web 服务器相同。这里使用 Tomcat7.0.2 搭建 Web 服务器，修改 Tomcat 的 conf 目录下的 server.xml 文件。设置服务器端口地址为 8066，设置 D:\mobile 为服务器的真实目录，而虚目录为 mobile。这时只需将 HelloChina.jar 文件和 HelloChina.jad 文件复制到服务器的真实文件夹中，即可完成服务器运行环境的搭建任务。

为了确保服务器能识别 JAD 和 JAR 类型文件，应检查一下 Tomcat 的 conf 目录下的 web.xml 文件，看其中是否有 JAD 和 JAR 的映射类型。如果没有，可将下面一段代码加到该文件的最后：

```
<mime-mapping>
    <extension>jad</extension>
    <mime-type>text/vnd.sun.j2me.app-descriptor</mime-type>
</mime-mapping>
<mime-mapping>
    <extension>jar</extension>
    <mime-type>application/java-archive</mime-type>
</mime-mapping>
```

下一步是修改 JAD 文件中的 URL。由于 JAD 文件中的 MIDlet-jar-URL 属性必须是 JAR 文件的 Web 服务器地址，为此，用编辑软件打开 HelloChina.jad 文件，修改 MIDlet-jar-URL 属性为：

```
MIDlet-jar-URL:http://127.0.0.1:8066/mobile/HelloChina.jar
```

为了使 OTA 能够访问到 JAD 文件，在 Web 服务器根目录中创建 download.html 如下：

```
<html>
<head>
    <title>FirstMIDlet</title>
</head>
<body>
    <a href="HelloChina.jad">下载 HelloChina </a>
</body>
</html>
```

11.1.4　从服务器中 OTA 下载应用程序

可以通过 Java ME 的 WTK 来模拟 OTA 与配置过程中的设备行为。在正式模拟下载之前，先启动 Tomcat 服务器。在 Windows 下，选择"开始"→"程序"→"Wireless Toolkit 2.5.2_01 for CLDC"→"OTA Provisioning"，将显示应用管理软件 Application Management Software（AMS）

的欢迎界面，如图 11-2 所示。

按 Apps 键，进入安装应用程序界面，如图 11-3 所示。然后，选择 Install Application 选项，按 Menu 键，从弹出菜单中选择 Launch 命令，进入输入网址界面，如图 11-4 所示。在 http://后输入 Web 服务器中 download.html 文件的网址：http://127.0.0.1:8066/ mobile/download.html。

图 11-2　AMS 的欢迎界面

图 11-3　安装应用程序界面

图 11-4　输入网址界面

选择 Menu 菜单中的 Go 命令，出现下载列表界面，如图 11-5 所示。之后会出现选择安装界面，如图 11-6 所示。

图 11-5　下载列表界面

图 11-6　选择安装界面

按 Install 键，开始下载 HelloChina.jad 文件，如图 11-7 所示。之后，显示 MIDlet 套件的属性，并询问是否继续下载 MIDlet 套件，如图 11-8 所示。

图 11-7　下载 HelloChina.jad 文件

图 11-8　显示 MIDlet 套件的属性

按 Install 键，开始下载套件如图 11-9 所示。下载成功后，询问是否运行 HelloChina 程序，如图 11-10 所示。

图 11-9　开始下载套件

图 11-10　下载成功

按 OK 键，得到与 Eclipse 环境下相同的效果，如图 11-11 所示。按 Exit 键，返回 AMS 的管理界面，可以看到，在列表中多了一个 HelloChina 应用程序。打开 Menu 菜单，可以看到 AMS 对应用程序的管理选项，包括添加应用程序、删除应用程序等，如图 11-12 所示。到此，完成了 MIDP 应用程序下载并安装到手机中的过程。

图 11-11　与 Eclipse 环境下相同的效果

图 11-12　AMS 对应用程序的管理选项

11.2　Push 技术

Push 技术是一种通过异步方式将信息传送给移动设备并自动启动 MIDlet 程序的机制。通常，进行网络连接时，移动通信设备的客户端主动去连接服务器，服务器处理请求并返回给客户端响应，这是同步处理机制。而 Push 技术不同，它不需要应用程序通过"拉"的方式从网络中取得数据，应用程序需要的数据会被主动"推"向移动设备。当移动通信设备接收到信息时，相关的 MIDlet 程序会被激活并开始运行，处理发送过来的数据。

注意：Push 技术是 MIDP 2.0 的一个可选项。因此在实际项目中，需要确认相关硬件设备是否支持该技术。

11.2.1　概述

Push 机制是应用管理系统（Application Management System，AMS）重要组成部分，由 javax.microedition.io.PushRegistry 类管理。它是网络通用连接框架（GCF）中的类，提供了 Push 的应用编程接口并跟踪 Push 注册事件。

Push 注册机制的行为可以描述为如下三个步骤。

① MIDlet 在移动设备中注册一个连同协议名称的端口，如果任何信息到达指定的端口，并且使用相同的协议，AMS 就将它转交给 MIDlet。注册过程使用 Java ME 应用程序描述文件（JAD）静态完成。程序也以使用应用程序内置的 API 执行动态注册。

② 将信息从服务器发送到特定的移动设备，使用 MIDlet 应用程序注册监听的协议和端口。

③ 在信息被传递到移动设备后，AMS 调用注册了监听此端口和协议的 MIDlet 应用程序。一旦信息被转交给 MIDlet 应用程序，处理信息就是此应用程序的责任。根据信息的内容，一个应用程序会选择打开一个屏幕，并允许用户与服务器进行一些事务。

11.2.2　PushRegistry 类的主要方法

（1）public static void registerConnection(String connection,String midlet,String filter)
throws ClassNoFoundException,IOException

功能：在应用程序管理软件 AMS 中注册一个动态连接。如果参数 connection 和 filter 为 null，将会抛出 illegalArgumentException；如果参数 midlet 为 null，将会抛出 ClassNoFoundException 异常。

（2）public static Boolean unregisterConnection(String connection)

功能：删除一个注册的动态链接。

（3）public static String[] listConnections(boolean available)

功能：返回当前 MIDlet 套件中注册的连接列表。返回值是一个注册连接字符串数组，每个数组元素都包含：通用连接协议、连接地址（可以使手机的电话号码）和监听端口号。

（4）public static String getMIDlet(String connection)

功能：用于取得指定连接的注册 MIDlet。如果连接未在当前 MIDlet 中注册，或参数 connection 为 null，则返回值为 null。

（5）public static String getFilter(String connection)

功能：取得指定连接的过滤器。

（6）public static long registerAlarm(String midlet,long time)

功能：注册一个计时器，当 time 事件到来时，启动参数 midlet 指定的应用程序。

通过使用 PushRegistry 类，可以把一个 MIDlet 注册到 Push 事件中，并可以取得 Push 相关的信息。

在 MIDP 2.0 中，Push 的处理是由 AMS 和 MIDlet 共同负责的，这样有利于简化 AMS 的实现，同时也可以避免把信息 Push 到设备的方式和格式限制得过于严格。下面介绍 Push 处理的过程。

Push 机制可以通过如下两种方式激活 MIDlet：

● 静态注册，通过无线网络连接，就是基于接入的连接的通知。

● 通过基于计时器的时钟，又称基于警告的通知。

11.2.3　静态注册方式

对于静态注册，下面将采用讲解和实例结合的方式来说明如何使用 Push 机制开发静态注册的 J2ME 应用程序，这里使用 Sun 公司提供的 Wireless Toolkit（WTK）作为运行环境。

静态注册是在 MIDlet 套件安装的时候完成的，需要在 MIDlet 套件的 JAD 文件中指定 MIDlet-push 字段的信息。并且，如果想测试应用程序，不能只是简单地选择 RUN，而是必须要使用 WTK 提供的 RUN via OTA 功能，把 MIDlet 套件通过 AMS 下载安装到模拟器中，然后测试 Push 功能。

静态注册需要在 JAD 文件或者 manifest 文件中提供 MIDlet-push 字段的内容，每个 Push 注册实体都需要提供如下的内容：

```
MIDlet-Push-<n>: <ConnectionURL>,<MIDletClassName>,<AllowedSender>.
```

各项说明如下。

MIDlet-Push-<n>：Push 注册属性名称。MIDlet 套件中可以包含多条 Push 注册。n 的数值从 1 开始，并且对于附加的条目，必须使用连续的序号。第一个发现的缺失条目将中止列表。任何剩余的条目都会被忽略。

ConnectionURL：被 Connector.open( )方法参数使用的连接字符串。

MIDletClassName：负责连接的 MIDlet 类名。指定的 MIDlet 必须使用 MIDlet-<n>记录在描述文件或 JAR 文件的 manifest 中登记过的类。

AllowedSender：一个指定的过滤器，它将限制哪些发送者能够正当启动请求的 MIDlet 应用程序。可以直接指定 IP 地址，如 192.16.8.0.12；也可以使用通配符"*"和"?"，其中"*"表示任意地址都可以访问，而"?"代表一个单独的字符，如 192.168.0.?。

在进入开发之前，需要注意的是，一条简单的 SMS 消息不会激活 MIDlet，必须发送 SMS 消息到 MIDlet 注册监听的特定的端口。因此，用来发送 SMS 消息的软件（或 SMS 服务提供商）必须能够将它发送到设备指定的端口。在接下来的实例中，需要从 Java 服务器端应用程序发送一条 SMS 消息到一个移动电话的指定端口，并自动启动移动设备中的一个 MIDlet。可以利用手机作为接收该 SMS 消息的客户端。短消息通过 J2ME Wireless Toolkit 的开发工具 Utilities 中的 WMA 控制台发送。也可以利用两个支持 Java ME 的手机来完成测试，一个手机作为服务器端，另一个手机作为接收该 SMS 消息的客户端。

下面先采用第一种方法，使用 WMA 控制台完成测试，然后再给出使用手机作为服务器测试的应用程序。

例 11-1　移动通信设备客户端接收的应用实例。

程序名：MySamplePushRegistry.java

```java
import javax.microedition.midlet.*;
import javax.microedition.io.*;
import javax.microedition.lcdui.*;
import javax.wireless.messaging.*;
import java.io.*;
public class MySamplePushRegistry extends MIDlet
        implements CommandListener,Runnable,MessageListener{
    Command exitCommand=new Command("Exit",Command.EXIT,1);
```

```java
/** 声明一个退出命令按钮 */
Alert content;
/** 声明一个 Alert 警示类对象，显示各种信息 */
Display display;
/** 声明一个屏幕管理类对象 */
Thread thread;
/** 声明一个线程，接收信息避免程序阻塞 */
String smsPort;
/** 声明一个 SMS messages 端口号变量 */
MessageConnection smsconn;
/** SMS message 连接 */
Message msg;
/** 从无限网络读取的消息 */
Displayable resumeScreen;
/** 屏幕显示类对象 */
//构造方法
public MySamplePushRegistry(){
    display=Display.getDisplay(this);
    content=new Alert("SMS Receive");
    content.setTimeout(Alert.FOREVER);
    content.addCommand(exitCommand);
    content.setCommandListener(this);
    content.setString("Receiving...");
    resumeScreen=content;
}
public void startApp(){
    smsPort=getAppProperty("SMS-Port");
    String smsConnection="sms://:" + smsPort;
    if (smsconn==null){
        try{
            smsconn=(MessageConnection) Connector.open(smsConnection);
            smsconn.setMessageListener(this);
        }catch (IOException ioe){
            ioe.printStackTrace();
        }
    }
    display.setCurrent(resumeScreen);
}
public void notifyIncomingMessage(MessageConnection conn){
    if (thread==null){
        thread=new Thread(this);
        thread.start();
```

```
                }
            }
        public void run(){
            try{
                msg=smsconn.receive();
                if (msg != null){
                    if (msg instanceof TextMessage){
                        content.setString(((TextMessage) msg).
                                            getPayloadText());
                    }
                    display.setCurrent(content);
                }
            }catch (IOException e){
                e.printStackTrace();
            }
        }
        //其他和生命周期有关的方法
        public void destroyApp(boolean unconditional){
            thread=null;
            if (smsconn != null){
                try{
                    smsconn.close();
                }catch (IOException e){}
            }
        }
        public void pauseApp(){
            thread=null;
            resumeScreen=display.getCurrent();
        }
        /** 命令监听接口中的方法 */
        public void commandAction(Command c,Displayable s){
            try{
                if (c==exitCommand || c==Alert.DISMISS_COMMAND){
                    destroyApp(false);
                    notifyDestroyed();
                }
            }catch (Exception ex){
                ex.printStackTrace();
            }
        }
    }
```

将这个移动通信设备中的接收程序在 Eclipse 环境下调试、打包，在 deployed 目录中形成 JAR

文件和 JAD 文件。要完成 Push 功能的测试，需要将应用程序下载并安装到手机中。其过程参见 11.1 节的内容。这里使用的下载环境是 Tomcat 7.0.2，本机 IP 地址为：127.0.0.1，端口号为 8066，虚地址为 PushMIDlet。要完成静态注册 MIDlet 应用程序，需要编辑 JAD 文件，把注册信息写入 MIDlet-Push 字段。

这里，Connection URL=sms://:50001，Class=MySamplePushRegistry，Allowed Sender=*。另外，还要注意，接收程序的监听端口号是通过使用以下语句：

```
smsPort=getAppProperty("SMS-Port");
```
读取 MIDlet 的属性得到的。因此，在 JAD 文件中还应加入一个自定义属性：SMS-Port，其属性值为 50001。

编辑后的 JAD 文件如下：

```
MIDlet-1: MySamplePushRegistry,,MySamplePushRegistry
MIDlet-Jar-Size: 2314
MIDlet-Jar-URL: http://127.0.0.1:8066/PushMIDlet/MySamplePushRegistryProject.jar
MIDlet-Name: MySamplePushRegistryProject Midlet Suite
MIDlet-Push-1: sms://:50001,MySamplePushRegistry ,*
MIDlet-Vendor: Midlet Suite Vendor
MIDlet-Version: 1.0.0
MicroEdition-Configuration: CLDC-1.1
MicroEdition-Profile: MIDP-2.0
SMS-Port:50001
```

将应用程序安装到手机中，但并未运行 MySamplePushRegistryProject 时，界面如图 11-13 所示。

使用 WTK 的 WMA 控制台，设置端口号为 50001，发送短消息"这是测试 Push 技术应用程序"，如图 11-14 所示。单击 Send 按钮，手机自动启动并调用 MySamplePushRegistry.Java 的 MIDlet 应用程序。手机接收消息，界面如图 11-15 所示。

图 11-13　未运行前界面

图 11-14　服务器发送界面

图 11-15　接收消息界面

这是利用 WMA 控制台作为服务器的例子。

例 11-2　使用手机作为服务器发送消息的实例。

程序名：smsDemo.java

```java
import javax.microedition.io.Connector;
import javax.microedition.lcdui.Command;
import javax.microedition.lcdui.CommandListener;
import javax.microedition.lcdui.Displayable;
import javax.microedition.lcdui.Form;
import javax.microedition.lcdui.TextField;
import javax.wireless.messaging.MessageConnection;
import javax.wireless.messaging.TextMessage;
public class smsDemo extends Form implements CommandListener{
    private final smsMIDlet sms;
    private TextField textMesg;
    private String strMesg;
    private String port="";
    private TextField dest;
    private String strDest;
    private Command send1Command;
    public smsDemo(smsMIDlet MIDlet){
        super("短消息");
        this.sms=MIDlet;
        dest=new TextField("电话号码","",20,TextField.PHONENUMBER);
        //发送目的地
        textMesg=new TextField("发送内容","",100,TextField.ANY);
        //消息内容
        append(dest);
        append(textMesg);
        send1Command=new Command("发送",Command.SCREEN,2);
        addCommand(send1Command);
        setCommandListener(this);//注册监听事件
    }
    public void commandAction(Command arg0,Displayable arg1){
    if (arg0==send1Command){
        try{
            strDest=dest.getString();
            strMesg=textMesg.getString();
            Thread fetchThread=new Thread(){
                public void run(){
                    try{
                        String addr="sms://" + strDest + ":50001";
                        System.out.println("发送地址为:" + addr);
                        //建立连接
                        MessageConnection conn=
                            (MessageConnection)Connector.open(addr);
```

```
                              //设置短消息类型为文本，短消息有文本和二进制两种类型
                              TextMessage msg =(TextMessage)conn.newMessage(
                                  MessageConnection.TEXT_MESSAGE);
                              System.out.println("发送消息为:" + strMesg);
                              //设置消息内容
                              msg.setPayloadText(strMesg);
                              conn.send(msg); //发送消息
                              conn.close(); //关闭连接
                          }catch (Exception exc){
                              exc.printStackTrace();
                          }
                      }
                  };
                  fetchThread.start();//启动线程
              }catch (Exception e){
                  System.out.print("Error in start\n");
                  e.printStackTrace();
              }
          }
      }
  }
```

运行结果相同，不再赘述。

11.2.4 动态注册方式

动态注册方式是指，应用程序在运行时通知 AMS，它希望被到来的网络连接或者 Alarm 事件激活。动态注册是指使用 PushRegistry 应用编程接口在运行时进行注册。基于时钟和基于无线网络连接的两种方式都可以使用动态注册，但是，使用基于时钟的 Push 方式只能使用动态注册。

基于时钟的动态注册比较简单，只需要简单地调用 PushRegistry 的静态方法 registerAlarm(String MIDlet,long time)，这样，当指定的时间到达的时候，AMS 就会唤醒参数中指定的 MIDlet。每个 MIDlet 只有一个基于计时器的注册，重复调用 registerAlarm 会覆盖上次的结果。

例 11-3 基于时钟的 Push 动态注册实例。MIDlet 套件会在程序结束后的 10 秒后自动启动。

程序名：DynamicallyPushExample.Java

```
import java.util.Date;
import javax.microedition.io.*;
import javax.microedition.lcdui.*;
import javax.microedition.midlet.*;
public class DynamicallyPushExample
    extends MIDlet implements CommandListener{
private Display display;
private Form form;
private final int intervalTime=10000;
```

```
private Command exitCommand=new Command ("Exit",Command.EXIT,1);
//退出命令
public DynamicallyPushExample(){
scheduleMIDlet(intervalTime);
}
protected void destroyApp(boolean arg0) throws
        MIDletStateChangeException{ }
private void scheduleMIDlet(long delt){
    try{
        Date now=new Date();
        //注册一个间隔10s的Alarm
        PushRegistry.registerAlarm(this.getClass().getName(),
                            now.getTime()+delt);
    }catch(ClassNotFoundException e){
        e.printStackTrace();
    }catch (ConnectionNotFoundException ex){
        ex.printStackTrace();
    }
}
protected void pauseApp(){}
protected void startApp() throws MIDletStateChangeException{
    display=Display.getDisplay(this);
    form=new Form("Dynamically Push");
    form.append("This is a push example");
    form.addCommand(exitCommand);
    form.setCommandListener(this);
    display.setCurrent(form);
}
public void commandAction(Command c,Displayable d){
    if(c==exitCommand)
        notifyDestroyed();
}
}
```

编译项目、打包并通过 OTA 安装新的 MIDlet 套件。运行 DynamicallyPushExample，这是一个很简单的应用程序。关闭它后，系统会提示是否允许 MIDlet 套件接收自动信息，按"确定"键即可。10 秒后，DynamicallyPushExample 自动启动，如图 11-16 所示，表明一个消息已经到达，激活 DynamicallyPushExample 应用程序，询问是否同意运行。按"Yes"键，运行 DynamicallyPushExample，结果如图 11-17 所示。到此，基于时钟方式的动态注册测试成功。

图 11-16　表明一个消息已经到达　　　　　　图 11-17　应用程序运行结果

11.2.5　使用 Push 技术应注意的问题

1．安全性问题

使用 Push 技术将会增加用户对安全性的担心，所以对 Push 的应用需要在 MIDP 2.0 规范的安全框架之下进行。要使用 Push，需要申请 javax.microedition.io.PushRegistry 许可。

2．Push 程序需注意的问题

（1）利用 Push 启动的程序应该明确地与用户进行交互，否则一个被 Push 唤醒并运行在后台的程序会让用户产生很多疑虑。

（2）如果要处理无线网络连接，应该在一个独立线程中进行，否则程序会由于阻塞而处于不可运行状态。

（3）正确使用 Push 技术，不要利用基于计时器的 Push 反复启动程序来检测网络更新，应该使用基于无线网络连接的 Push。

习题 11

1．在 Eclipse 环境中完成模拟运行的程序打包，在_____目录下，将形成 MIDlet 套件的_____文件和_____文件。

2．使用 WTK 将 MIDlet 应用程序下载到模拟器上，需要修改 JAD 文件。使用 Tomcat 7.0.2 搭建 Web 服务器时，通过修改 Tomcat 的 conf 目录中的 server.xml 文件，设置服务器端口地址为 8066，设置 D:\mobile 为服务器的真实目录，而虚目录为 mobile。用编辑文件打开 HelloChina.jad 文件，修改 MIDlet-jar-URL 属性为：_____。（注：本机 IP 地址为 127.0.0.1。）

3．Push 机制可通过哪两种方式激活 MIDlet？

4．静态注册每个 Push 注册实体提供的内容如下：

　　　　MIDlet-Push-\<n>: \<ConnectionURL>,\<MIDletClassName>,\<AllowedSender>

其中各部分的含义为：MIDlet-Push-\<n>为_____，\<ConnectionURL>为_____，\<MIDletClassName>为_____，\<AllowedSender>为_____。

5．使用基于时钟的 Push 方式只能通过_____注册，基于时钟的动态注册可调用_____类的静态方法_____。

6．使用 Push 技术需要注意哪些问题？

参 考 文 献

[1] Ray Rischpater. Beginning Java ME Platform. Apress, 2008.

[2] 杨建，杨军. 精通 J2ME 嵌入式软件开发. 北京：电子工业出版社，2007.

[3] 黄正环. Java ME手机应用开发大全. 北京：科学出版社，2010.

[4] 杨光，孙丹. J2ME 程序设计实例教程. 北京：清华大学出版社，2010.

[5] http://www.oracle.com/technetwork/java/javame.

[6] http://dev.10086.cn/cmdn/bbs/faq.php.